DR. MICHAEL ZANGER
KERSTIN KABUS

HUFE — LESEN

Form, Funktion und Gesundheit erkennen
Huf-Kompetenz für Reiter und Besitzer

KOSMOS

INHALT

Was dir die Hufe deines Pferdes verraten

Wäre es nicht schön, wenn du die Hufe deines Pferdes lesen und verstehen könntest? Stelle dir vor, du könntest an den Hufen erkennen, ob dein Pferd gesund und glücklich ist!

Ist das möglich? Ja, der Huf kann dir das zeigen! Er reagiert sehr schnell auf Verschlechterungen oder Verbesserungen im Lebensalltag deines Pferdes. Der Huf zeigt dir, wie es deinem Pferd geht. Dabei hat er eine eigene Sprache, die jeder lernen kann.
Hast du dich beim Blick auf die Hufe deines Pferdes schon einmal gefragt, ob mit ihnen alles in Ordnung ist? Sind dir vielleicht schiefe Hufwände, eine lange Zehe, Hornspalten oder ein zurückgebildeter Hufstrahl aufgefallen, und dies beunruhigt dich? Willst du wissen, ob die Hufe deines Pferdes verbessert werden können?
Die Antworten auf diese und weitere Fragen findest du in diesem Buch. Wir verraten dir anhand von vielen Bildern und Beispielen, wie du die Hufe deines Pferdes lesen kannst. Wir zeigen dir, wie ein gesunder und leistungsfähiger Huf bei deinem Pferd aussehen muss!
Dazu brauchst du kein Vorwissen. Wir starten Schritt für Schritt von Anfang an. Die aufeinander aufbauenden Level helfen dir, die Hufe deines Pferdes immer besser zu verstehen. Die **Level 1–5** führen dich in die Welt der Hufe ein. Du erfährst, wie der Huf aufgebaut ist, wie dein Pferd ihn formt und du lernst, erste Signale zu lesen.

AUF DEM WEG ZUR HUF-KOMPETENZ

Level 1: Vorbereitung fürs Hufe lesen
Level 2: Der Huf von außen
Level 3: Erste Auffälligkeiten erkennen
Level 4: Der Huf von innen
Level 5: Das Pferd von innen
Level 6: Hufsituationen erkennen
Level 7: Der Huf und seine Form
Level 8: So wirkt dein Pferd und die Umwelt auf den Huf
Level 9: Die Hufwand aus der Balance
Level 10: Sohle und Strahl aus der Balance
Level 11: Krankheiten formen den Huf
Level 12: Hufe lesen

Jedes Pferd ist ein einzigartiges Wesen mit individuellen Hufen.

Die **Level 6–11** verraten dir, woran du erkennst, ob die Hufsituation ungünstig für dein Pferd ist. Dabei schauen wir nicht nur auf den Huf, sondern richten den Blick auf das ganze Pferd. Wir zeigen dir auch, wie sich die Hufe deines Pferdes bei Erkrankungen verändern.
Level 12 hilft dir, dein Pferd und seine Hufe umfassend zu beurteilen.

Wir geben dir Tipps, wie eine ungünstige Hufsituation verbessert werden kann. Eine Checkliste unterstützt dich dabei.
In diesem Buch erfährst du, was dir die Hufe deines Pferdes sagen möchten. Wenn du die Hufe lesen kannst, dann kannst du dein Pferd besser verstehen und Probleme erkennen. Werde zum Hufe-Leser!

DEIN WEG ZUR HUF-KOMPETENZ

NATÜRLICH GEPFLEGT

Saubere Hufe erleichtern es dir, die Details der Hufbereiche zu begutachten.

LEVEL 1

Vorbereitung fürs Hufe lesen

Um die Hufe deines Pferdes zu lesen, kannst du gewöhnliche Alltagssituationen im Stall nutzen, zum Beispiel die Pflege deines Pferdes. Ein paar Tipps helfen dir, gute Ergebnisse zu erzielen. Achte dabei auf eine sichere und gute Umgebung für dich und dein Pferd.

ARBEITSPLATZ

Wähle einen Ort, an dem sich dein Pferd wohlfühlt und entspannt stillstehen kann. Der Boden sollte eben und fest sein. Beton, Pflastersteine oder eine Gummimatte eignen sich am besten für das Lesen der Hufe. Bevor du beginnst, sorge dafür, dass dieser Bereich sauber und trocken ist. Ein sauberer Platz ermöglicht dir, alle wichtigen Details klar und deutlich zu erkennen. Gute Lichtverhältnisse schaffen ideale Bedingungen. Der Einstieg ist leichter, wenn du dir zuerst Hufe suchst, die deutlich auffällige Hufsituationen zeigen, beispielsweise Hufe mit gut erkennbaren, flachen Hufwänden.

HUFE SÄUBERN

Für die Beurteilung müssen die Hufwände und die Sohle sauber sein. Mit einem Hufkratzer oder einer festen Bürste lassen sich eingetrocknete Verschmutzung leicht entfernen.

Tipp

Achte immer auf deine eigene Sicherheit und ausreichend Ausweichmöglichkeiten. Auch mit aufgehobenem Huf kann das Pferd sein natürliches Flucht- und Abwehrverhalten zeigen. Sehr zu empfehlen ist ein festes und sicheres Schuhwerk.

BEURTEILUNGSPOSITION

Du stellst dich seitlich Schulter-an-Schulter mit deinem Pferd, sodass deine Füße in die entgegengesetzte Richtung zeigen wie die deines Pferdes. Nimm den Huf hoch und halte ihn ruhig und sicher in deiner Hand (siehe Foto 4 bis 6, Seite 10).

1

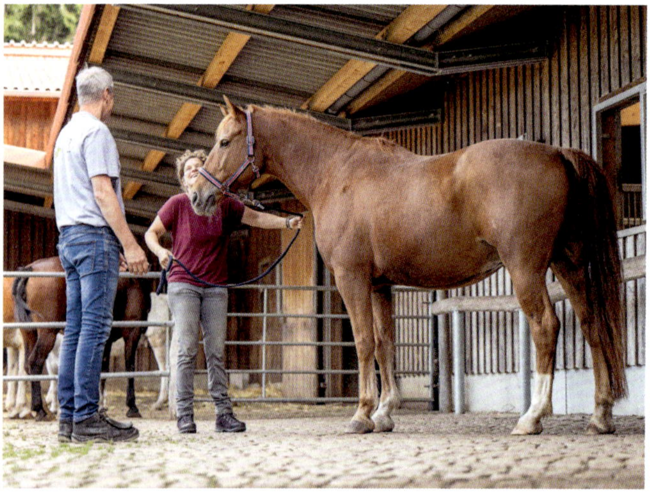

2

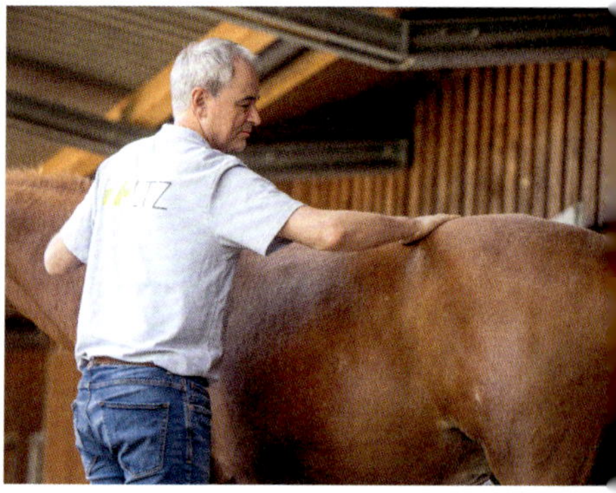

3

1 Ein trockener Platz mit festem Untergrund ist ideal fürs Lesen der Hufe.

2 Schaffe eine entspannte Atmosphäre.

3 Säubere die Hufe mit Hufkratzer oder Bürste.

4 Stelle dich mit deiner Schulter seitlich an die Schulter deines Pferdes.

5 Mit einem sicheren Stand kannst du den Huf aufnehmen.

6 Ohne deinen Körper oder Kopf zu verdrehen, kannst du von oben über den Strahl und die Sohle schauen.

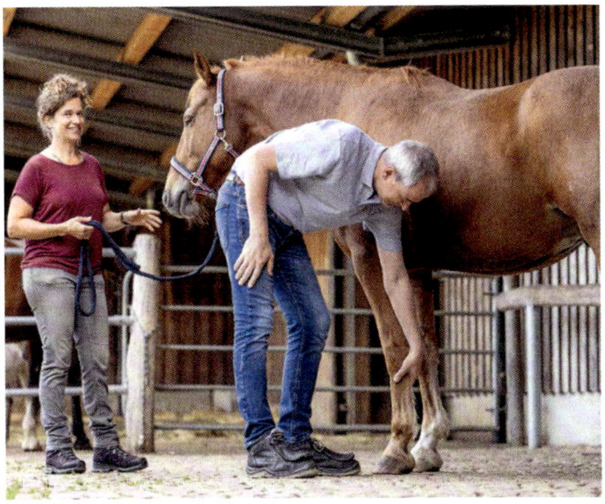

4

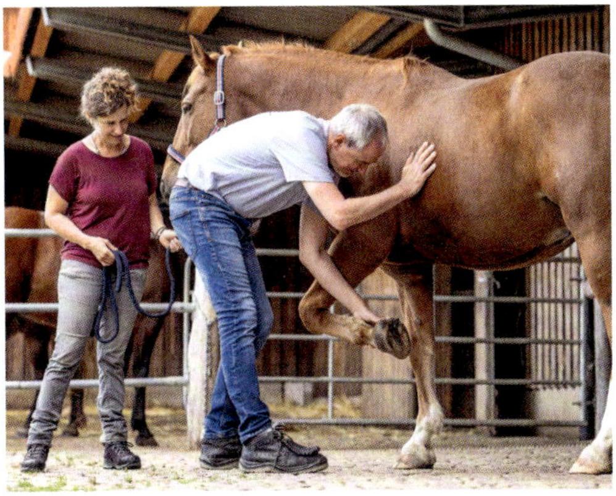

5

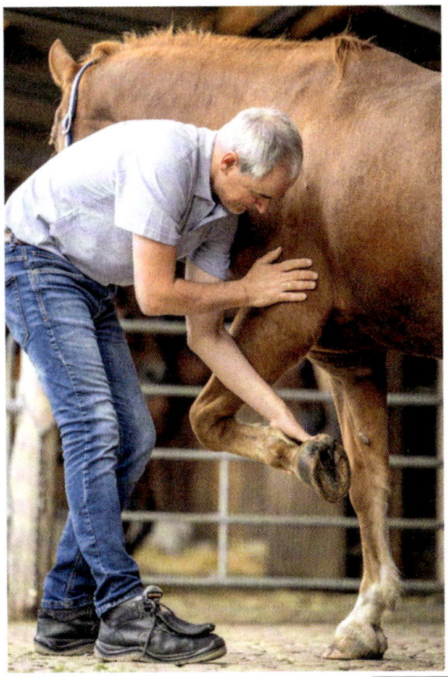

6

HUFFOTOS ANFERTIGEN

Wenn du bei der Beurteilung eines Hufes unsicher bist, fotografiere ihn mit deinem Smartphone und werte das Foto in Ruhe aus. Die wichtigsten Perspektiven für ein aussagekräftiges Huffoto sind der Blick von der Seite und von vorne.

Beachte beim Fotografieren folgende Punkte:

– Begebe dich in einen sicheren Abstand auf die Höhe des Hufes.
– Fotos aus einer schrägen Perspektive, zum Beispiel von schräg oben auf den Huf, liefern kein aussagekräftiges Ergebnis.
– Halte dein Smartphone waagerecht und verkippe es nicht.
– Fotografiere den Huf bildfüllend.

Huffoto von vorne – ideal, um die flache oder steile Wand im Zehenbereich zu erkennen.

Huffoto von der Seite – ideal, um einzuschätzen, ob der Huf zu steil oder zu flach steht.

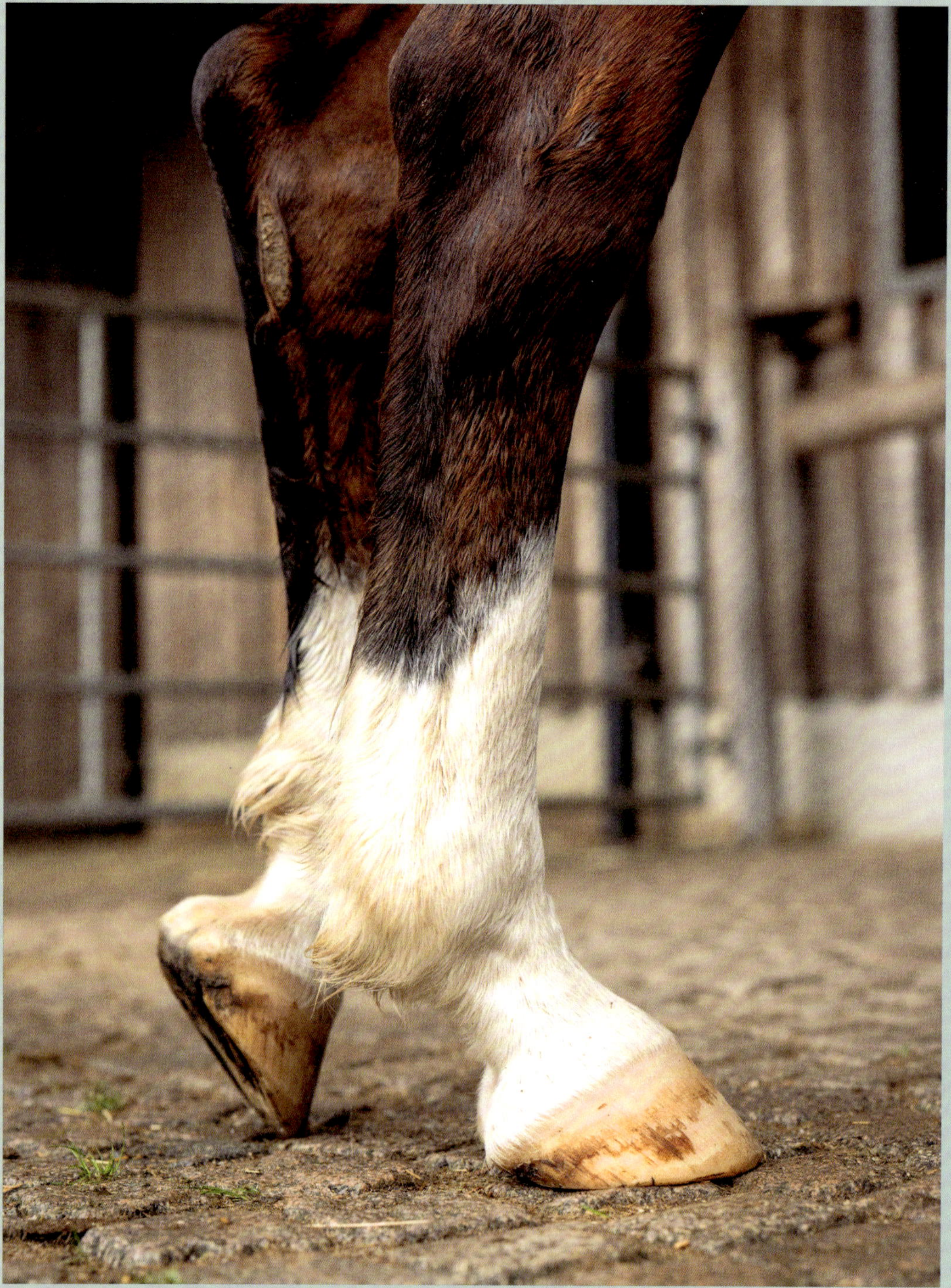

DIE HORNKAPSEL

Hufe können unterschiedlich gefärbt sein. Die Hornfarbe entspricht oft der Fellfarbe im Bereich des Kronrandes.

LEVEL 2

Der Huf von außen

Der Huf ist eine sehr auffällige Struktur. Von außen erkennst du seinen Aufbau und seine Form. Dein Blick fällt dabei auf die Hornkapsel, die auch als Hornschuh bezeichnet wird. Sie schützt den unteren Bereich der Gliedmaße. An ihr kannst du erkennen, wie sich dein Pferd bewegt und seine Hufe nutzt.

DIE DREI BEREICHE DER HORNKAPSEL

Hufe können ganz unterschiedlich aussehen. Manche sind eher breit und flach, andere sind eher steil und schmal. Diese Formen sind für jedes Pferd individuell. Der Huf ist eine schützende Hülle am Ende des Pferdebeins und wird auch als Hornkapsel bezeichnet. Die Hornkapsel lässt sich in die drei Bereiche einteilen: Zehenwand, Seitenwand und Trachtenwand.

Die Zehenwand

Wenn du dich direkt vor dein Pferd stellst und mittig auf einen Huf schaust, siehst du die Zehenwand. Die Zehenwand wird nach oben durch den Kronrand begrenzt. In Bodennähe wird die Zehenwand durch den Tragrand begrenzt. Der Tragrand verläuft um den ganzen Huf herum und ist extrem aufschlussreich, denn dort kannst du das Laufverhalten deines Pferdes ablesen und erkennen!

Die Seitenwand

Wenn du dem Verlauf der Hufwand nach hinten folgst, kommst du zu der inneren und äußeren Seitenwand. Die Seitenwand verläuft bis zur weitesten Stelle, das ist im Querschnitt die breiteste Stelle des Hufes.

Beim Blick von vorne schaust du direkt auf die Zehenwand.

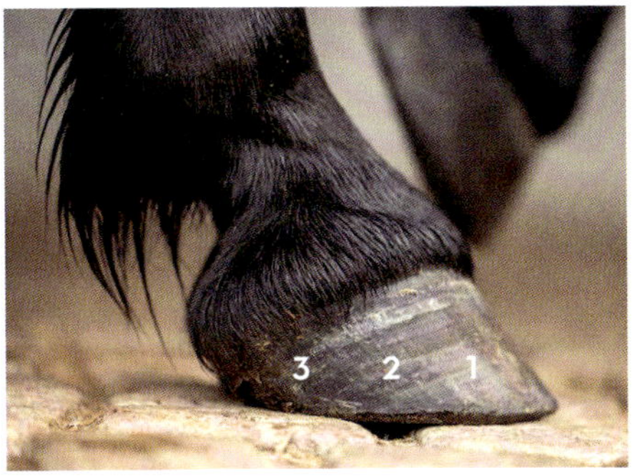

Beim Blick von der Seite kannst du alle Wandbereiche sehen: Der vordere Abschnitt ist die Zehenwand (1), daran schließt sich die Seitenwand (2) und im hinteren Bereich die Trachtenwand an (3).

Die Trachtenwand

Jetzt fehlt noch der letzte Abschnitt der Hufwand: Etwa an der breitesten Stelle des Hufes beginnt die Trachtenwand. Die innere und äußere Trachtenwand kannst du nur beim Blick von hinten auf den Huf erkennen. Bei einem normal belasteten Huf sind die Trachtenwände leicht schräg nach außen gerichtet.

DER HUF VON UNTEN

Die Hufsohle und die Eckstreben

Nimmst du den Huf auf, dann fällt dein Blick auf die Hufsohle. Das ist eine harte und gewölbte Struktur, die das Innenleben des Hufes schützt. Durch ihre Wölbung nach innen, spannt sie ein stabilisierendes Gewölbe entlang der Hufwand auf und unterstützt den Huf damit in seiner Form. Die Sohle wird vom Tragrand umgeben. Der Tragrand ist der untere Bereich der Hornkapsel und hat Bodenkontakt. Im hinteren Abschnitt des Hufes fallen zwei mauerartige Erhebungen auf, das sind die Eckstreben.

Der Hufstrahl und die Weiße Linie

Der Hufstrahl ist eine keilförmige, weiche Struktur in der Mitte der Sohle. Er trennt die Sohle in zwei Hälften. Der Hufstrahl wird durch die beiden seitlichen Strahlfurchen begrenzt. In der Mitte des Hufstrahls liegt die mittlere Strahlfurche. Wichtig für den Huf ist auch die Weiße Linie, die oft eine leicht gelbliche Färbung hat. Sie ist ein dünnes Band und trennt die Hufsohle vom Tragrand.

DIE DREI ZONEN DES TRAGRANDES

Am unteren Abschnitt der Hornkapsel berührt die Hornwand den Boden und bildet den Tragrand. Der Tragrand lässt sich in drei Zonen einteilen.

Die Abrollzone

Ganz vorne liegt die Abrollzone. Sie umfasst das vordere Drittel des Tragrandes. In dieser Zone fußt das Pferd ab.

1

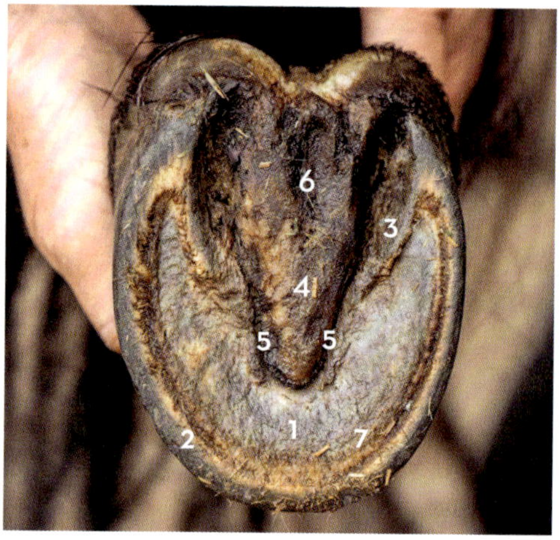

2

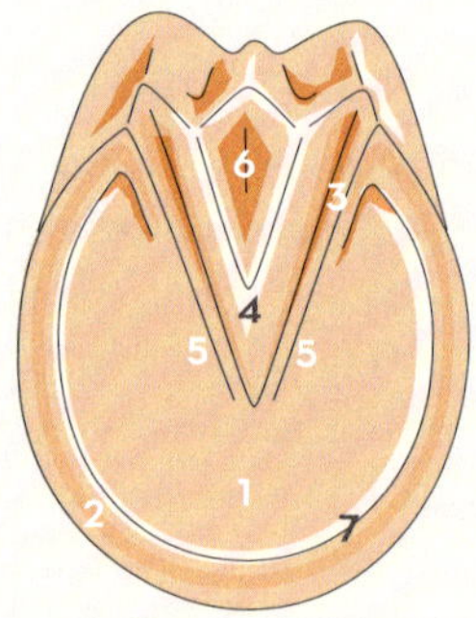

1–2 Beim Blick von unten erkennst du: Hufsohle (1), Tragrand (2), Eckstrebe (3), Strahl (4), seitliche Strahlfurche (5), mittlere Strahlfurche (6), Weiße Linie (7).

Die Bewegungszone

An die Abrollzone schließt sich im mittleren Bereich des Tragrands die Bewegungszone an. Hier ist der Tragrand oft dünner und kann über das Niveau der Hufsohle hinausragen. Die Bewegungszone soll in erster Linie kein Gewicht tragen. Hier muss der Tragrand beweglich sein, denn der Huf muss sich an dieser Stelle weiten können, wenn das Pferd Last aufnimmt. Das geht nur, wenn die Hornwände nicht zu starr sind. Dieser Vorgang wird auch als Hufmechanismus bezeichnet.

1

1 Folgst du dem Verlauf des Tragrandes, kannst du verschiedene Zonen mit unterschiedlichen Funktionen erkennen. Vorne die Abrollzone (1), in der Mitte die Bewegungszone (2) und am Ende die Stützzone (3).

2 Am oberen Ende, wo der Huf in das Fell übergeht, ist der Kronrand.

Die Stützzone

Der hintere Abschnitt des Tragrandes ist die Stützzone. Häufig wird angenommen, dass die Hornwand an der Trachte zu Ende ist. Das ist aber nicht ganz richtig. Wenn du den Huf aufnimmst, siehst du, dass die Hufwand am Ende der Trachte nach innen einknickt und als eine schlanke, aufrecht stehende Struktur zum Strahl hin ausläuft. Dieser „innere Abschnitt" der Hufwand wird als Eckstrebe bezeichnet. Die Trachten und die Eckstreben sind der Bereich des Tragrands, der am meisten Last trägt. Die Tatsache, dass dieser Bereich viel Gewicht tragen kann, schützt ihn aber nicht vor Überlastung! Auch hier weitet sich der Huf bei Belastung.

2

MERKE!

Am Kronrand kannst du die Qualität des neu gebildeten Horns ablesen. Hier kannst du auftretende Hornprobleme schnell erkennen.

MERKE!

Die Strukturen des Hufes können bei jedem Pferd unterschiedlich aussehen. Der Huf ist der „persönliche Fingerabdruck" deines Pferdes. Jeder Huf will dir etwas sagen und kann dir verraten, wie es deinem Pferd geht.

DAS OBERE ENDE DER HORNKAPSEL

Der Kronrand

Richtung Gliedmaße trifft die Hornkapsel auf das Fell, der Übergangsbereich von Horn und Fell ist der Kronrand. Der Kronrand ist ein wichtiger Bereich des Hufes, denn hier entsteht neues Horn, welches durch den Wachstumsprozess nach unten in Richtung Boden geschoben wird. Gleichzeitig ist dieser Bereich auch flexibel und verformbar.

AUFFÄLLIG ODER UNAUFFÄLLIG?

Schaue dir den Huf aus verschiedenen Blickrichtungen an: Blicke von vorne auf die Zehenwand, von der Seite auf die Seitenwand und von hinten auf die Trachtenwand.

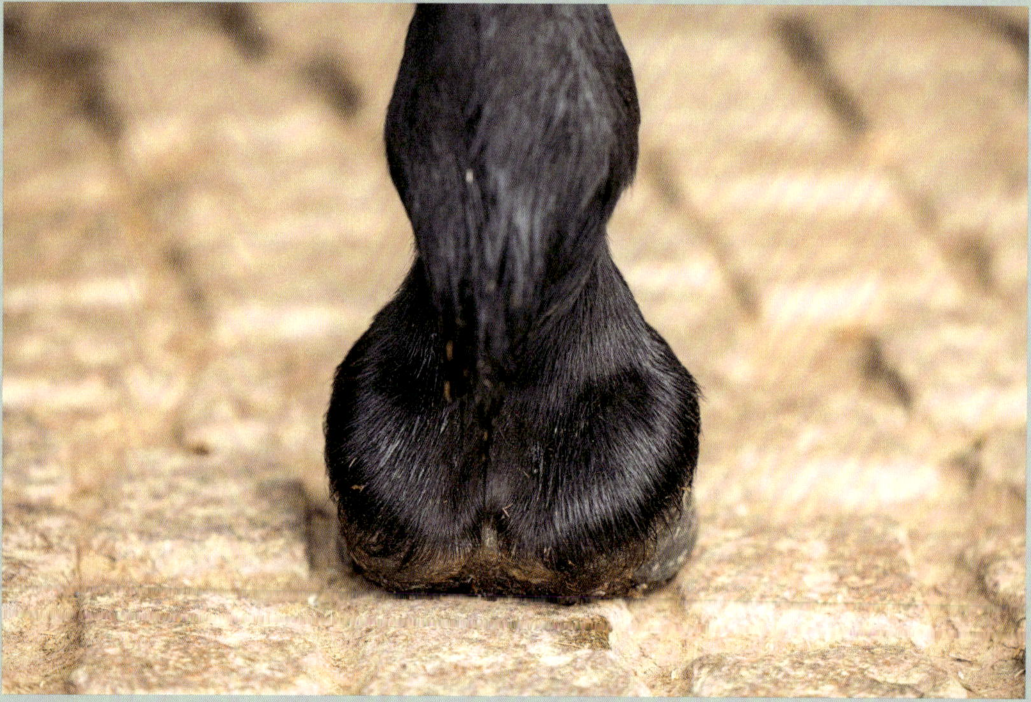

LEVEL 3

Erste Auffälligkeiten erkennen

Die Hornkapsel ist eine anpassungsfähige, wandelbare Struktur. Die Anatomie, das Laufverhalten und die Haltung deines Pferdes beeinflussen ihre Form und ihr Aussehen. Wenn du diese Veränderungen erkennen kannst, beginnst du den Huf zu lesen.

ZEHENABWEISER UND ZEHENRICHTUNG

Am unteren Ende der Hornkapsel berührt die Zehenwand mit dem Tragrand den Boden. Aber sie hat nicht überall direkten Kontakt mit dem Untergrund. Dort, wo der Tragrand keinen direkten Bodenkontakt hat, rollt dein Pferd in der Bewegung ab! Dieser Bereich wird Zehenrichtung genannt. Hier ist der Hornabrieb größer.
Dort, wo der Tragrand in seiner ganzen Länge stehen bleibt und den Boden berührt, ist der Zehenabweiser. An dieser Stelle fußt dein Pferd in der Bewegung nicht ab. Hier ist der Hornabrieb geringer. Die Zehenrichtung und der Zehenabweiser können unterschiedlich stark ausgeprägt sein.

MERKE!

Dort, wo die Kante des Tragrands rund abgelaufen ist, rollt dein Pferd in der Bewegung ab. Hierdurch läuft es an dieser Stelle den Tragrand stärker ab.

Eine Hufwand wird flacher, wenn dein Pferd diesen Wandbereich weniger belastet und eine Hufwand wird steiler, wenn dein Pferd diesen Bereich stärker belastet.

Ist ein Huf im hinteren Bereich überlastet, geraten die Trachtenwände aus ihrer optimalen Balance.

Der flache Wandbereich mit Zehenabweiser (1). Der steile Wandbereich mit Zehenrichtung (2).

Am Zehenabweiser (1) macht der Tragrand einen weiteren Bogen nach außen und ist breiter.
An der Zehenrichtung (2) läuft der Tragrand gerader und ist dünner.

Links die flache, entlastete Hufwand. Rechts die steile, belastete Hufwand.

FLACHE UND STEILE HUFWÄNDE

Die Hufwand ist vom Kronrand kommend in ihrem Verlauf nach außen geneigt. Auffällig ist es, wenn Bereiche der Hufwand unterschiedlich flach oder steil geneigt sind. Eine steile Wand ist kürzer, sie verläuft schneller

1 Die rechte Trachtenwand neigt sich nach innen in Richtung Strahl und schiebt sich somit unter den Huf (untergeschobene Trachtenwand).

2 Links siehst du die untergeschobene Trachtenwand, rechts die gerade Trachtenwand.

in Richtung Boden. Eine flache Wand ist länger, sie verläuft in einem flacheren Winkel in Richtung Boden.

ÜBERLASTETE TRACHTE

Wie alle Hufwände hat auch die Trachtenwand von Natur aus eine leicht schräge Neigung nach außen. Ist die Last, die eine Trachtenwand tragen muss, jedoch sehr groß, wird sie sehr steil. Ist die Belastung zu groß, kann sie sich sogar unter den Huf oder nach innen in Richtung Hufstrahl verbiegen. Diese Situation wird als untergeschobene Trachte bezeichnet.

DER ZU FLACHE ODER ZU STEILE HUF

Die Hauptbewegungsrichtung des Pferdes ist geradeaus. Im Idealfall treibt eine kräftige und ausdauernde Hinterhand den Pferdekörper nach vorne. Das zeigt sich ganz deutlich in der Gelenkstruktur des Pferdes. Die Hauptbewegungen, die die Gelenke der Gliedmaßen zulassen, sind Beugen und Strecken. Seitliche Bewegungen oder Rotationen sind nicht oder kaum möglich.Diesem Muster muss sich auch der Huf anpassen. Für das Pferd wären Hufe von Nachteil, die es daran hindern würden, sich optimal in gerader Richtung fortzubewegen. Hufe sollten daher weder zu steil noch zu flach sein.

Ein flacher Huf hat beispielsweise eine zu lange Zehe, das entspricht einem zu langen Hebel, über den das Pferd abfußen muss. Damit ist das ganze Bewegungsmuster gestört und Erkrankungen werden begünstigt. Stell dir vor, du trägst eine Taucherflosse, das wäre ein langer Hebel an deinem Fuß. Durch ein starkes Anheben der Beine musst du ihn beim Laufen überwinden. Dein Laufverhalten wäre gestört.
Aber auch der hintere Abschnitt des Hufes muss passen. Ist die Trachtenwand zu hoch, steht der Huf zu steil. Das ist eine problematische Hufstellung, die vor allem für die Knochenstruktur ungünstig ist und die Arthrosegefahr erhöht.

Hier siehst du einen zu flachen Huf.

MERKE!

Pferde können sich am besten mit Hufen fortbewegen, die nicht zu steil und nicht zu flach sind.

Hufhorn wächst im Monat durchschnittlich einen Zentimeter nach unten. Findest du eine auffällige Hornstruktur zwei Zentimeter unterhalb des Kronrandes, ist die Ursache dafür vor zwei Monaten aufgetreten.

Dickes, stabiles Sohlenhorn mit guter Wölbung verbessert die Fähigkeit deines Pferdes, barhuf zu gehen.

Hufsohle mit Zerfallshorn und Eckstreben, die sich in die Sohlenfläche schieben.

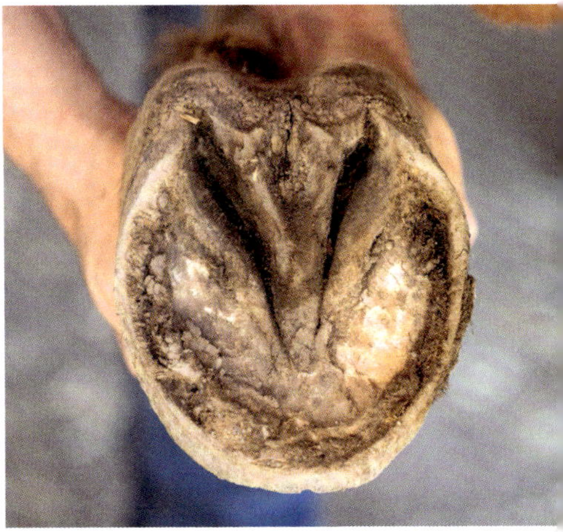

Der Kronrand ist bogenförmig nach oben geschoben.

AUFFÄLLIGES HORN

Gesunde Hufwände haben eine leicht glänzende, glatte Struktur. Sie werden im Bereich des Kronrandes gebildet. In diesem Bereich kannst du ablesen, wie gut die Qualität des neu gebildeten Horns ist. Wächst das neue Horn in einer glatten und gesund aussehenden Struktur herunter, ist alles bestens. Wächst das Horn aber mit ringförmigen Erhebungen herunter oder sind sogar blutartige Rötungen zu finden, hat das Pferd wahrscheinlich ein physiologisches oder organisches Stoffwechselproblem. Am Kronrand kannst du auch die Druckbelastung der einzelnen Abschnitte der Hornkapsel ablesen. Druck schiebt den Kronrand in seiner ganzen Länge oder in Teilbereichen bogenförmig nach oben.

ZERFALLSHORN IN DER HUFSOHLE

Auch das Sohlenhorn wird permanent neu gebildet. Das älteste Horn bildet die oberste Schicht der Sohle. Diese Schicht ist vielen äußeren Einflüssen ausgesetzt. Dadurch entstehen in ihr kleine Risse und Erhebungen und die Schicht beginnt zu zerfallen. Das so angegriffene Horn wird deshalb auch als Zerfallshorn bezeichnet. Mit den richtigen Böden kann der Huf das Zerfallshorn völlig eigenständig entfernen. Hat dein Pferd diese

Ein gesunder, jedoch nicht bearbeiteter Hufstrahl.

Möglichkeit nicht, hilft die regelmäßige Hufpflege. Ist das Zerfallshorn lose, können sich beim Auskratzen der Hufe größere Stücke aus der Sohle lösen. Das ist kein Grund zur Sorge. Wenn sich das Zerfallshorn abgelöst hat oder die Hufe bearbeitet wurden, siehst du eine glatte Oberfläche in der Sohle. Das ist das neu gebildete, noch intakte Sohlenhorn.

AUFFÄLLIGER STRAHL

Ein symmetrischer und normal großer Hufstrahl steht für eine gesunde und gut ausbalancierte Belastung der Gliedmaße. Er zeigt auch eine gute Stallhygiene an und deutet auf eine ausreichende Bewegung deines Pferdes hin.

Der Hufstrahl ist die Struktur, die dem Huf Flexibilität verleiht. Er ermöglicht dem Huf, sich bei Be- und Entlastung zu öffnen und zu schließen. Für diese Funktion ist seine fächerartige Form besonders wichtig. Der Strahl erweitert sich bei der Belastung des Hufes und flacht dabei ab. Gleichzeitig sinkt er nach unten in Richtung Boden. Bei Entlastung des Hufes kehren sich diese Prozesse um, sodass sich der Huf wieder verengt.

Ein gesunder Strahl gibt dem Huf die benötigte Flexibilität, kann schnell auf Umwelteinflüsse reagieren und sich entsprechend anpassen. Diese Eigenschaften machen ihn aber auch anfällig für schlechte Einflüsse.

Der gesunde Hufstrahl

Ein gesunder Strahl zeichnet sich durch folgende Merkmale aus:
- Er ist fest und elastisch.
- Er ist symmetrisch mit einer leichten Fächerform.
- Er ist trocken, ohne weiche und faulige Stellen.
- Er hat keine Risse oder Löcher.
- Er liegt etwas unter der Tragrandhöhe und hat bei Belastung Bodenkontakt.

Beobachte den Hufstrahl

Es ist wichtig, auf die ersten Warnsignale einer Verschlechterung zu achten. Das können sein:
- Ein zu enger, schmaler Strahl.
- Ein zu breiter Strahl, der keine mittlere Strahlfurche mehr aufweist.
- Ein fauliger Geruch und eine schmierige, schwarze Struktur.
- Eine tiefe mittlere Strahlfurche.
- Fehlender Bodenkontakt beim Auffußen durch sehr hohe Trachten.

Ein Strahl, der erste Ansätze von Fäulnis zeigt.

MERKE!

Verliert der Strahl seine Funktion, kommt es zu einer Über- und Fehlbelastung anderer Strukturen, insbesondere der Knochen im unteren Bereich der Gliedmaße.

Die Form, Breite und Struktur des Strahls sind äußerst aussagekräftig. Da der Strahl aus elastischem Horn besteht, reagiert er schnell auf ungünstige Einflüsse. Ist ein Hufstrahl zurückgebildet und zersetzt, können die Haltungsbedingungen für dein Pferd ungünstig sein und ihm fehlt Bewegung.

1

MERKE!

Bewegung und gute Haltungsbedingungen stärken die Stabilität der Weißen Linie.

Bitte deinen Hufbearbeiter um eine ausgediente Raspel und lasse dir zeigen, wie du damit arbeiten kannst, um die Weiße Linie besser erkennen zu können.

2

AUFFÄLLIGE WEISSE LINIE

Eine gesunde Weiße Linie ist kompakt. Sie hat eine leicht gelblich-weiße Färbung und zeigt keine Risse, Einblutungen oder Vertiefungen. Je nach Hufgröße hat sie eine Breite von ein bis drei Millimetern. Wirkt die Weiße Linie verändert, kann das ein erster Hinweis auf ein Problem sein. Ist sie verbreitert und manchmal auch gerötet, wirkt eine flache Hufwand auf sie ein, die die Weiße Linie nach außen aufzieht. Erscheint sie breit, kaputt und zerrissen und zeigt Einblutungen, deutet das auf ein Stoffwechselproblem hin. Wirkt sie vertieft, kann eine Erkrankung der Weißen Linie vorliegen.

1 Die Weiße Linie zeigt hier gesunde und veränderte Abschnitte.

2 Die Weiße Linie ist geschädigt. Sie wirkt uneinheitlich und aufgefasert.

Zu lange Eckstreben, die sich in die Sohle umlegen und Risse und Ausbrüche zeigen.

MERKE!

An der Struktur der Eckstreben lässt sich vieles ablesen. Je stärker eine Hufsohle nach innen gewölbt ist, desto steiler und aufrechter steht die Eckstrebe. Je weniger eine Hufsohle nach innen gewölbt ist, desto flacher ist die Eckstrebe orientiert. Häufig legt sie sich dann direkt auf die Sohle.

AUFFÄLLIGE ECKSTREBEN

Die Eckstreben laufen parallel zu den seitlichen Strahlfurchen und enden in einem flachen Winkel auf der Sohle, etwa auf Höhe der Hälfte der Strahllänge. Sie begrenzen die seitlichen Strahlfurchen und geben dem hintern Abschnitt des Hufes zusätzliche Stabilität. Die Eckstreben gehören zu den faszinierendsten und wichtigsten Strukturen am Huf. Durch ihre Lage und leichte Verformbarkeit reagieren sie schneller als jeder andere Bereich des Hufes auf ungünstige Hufsituationen. Eckstreben können je nach der Belastung des Hufes unterschiedlich aussehen. Auch das Wachstum der Eckstreben kann variieren.

001

Teste dein Wissen mit Huf-Scans

Erkennst du Auffälligkeiten in den Hufen? Drehe unsere digitalen Hufmodelle in alle Richtungen.

Beispiel für ein digitales Hufmodell

OHNE GESUNDEN HUF KEIN GESUNDES PFERD

Die Hufe tragen das Pferd. Wie sieht es im Inneren der Hufe aus?

LEVEL 4

Der Huf von innen

Jetzt hast du schon die wichtigsten Grundlagen kennengelernt und kannst erste Signale am Huf lesen. Darauf können wir aufbauen! Um den Huf noch besser zu verstehen, schauen wir uns an, wie das Innere des Hufes aufgebaut ist.

WARUM HAT DAS PFERD HUFE?

Das Pferd läuft wie eine Primaballerina auf der Zehenspitze. Die Haut am Ende der Gliedmaße muss daher viel aushalten. Auf ihr liegt ein enormes Gewicht, das durchgehend bewegt werden muss. Das Pferd benötigt also einen Schutz, der stetig nachwächst und sich auf die verschiedenen Untergründe einstellen kann. Aus dieser Notwendigkeit heraus hat sich an der Zehenspitze der Huf entwickelt.

WIE IST DAS HUFHORN AUFGEBAUT?

Die Hornzelle ist die kleinste Einheit des Hufhorns. Sie ist vergleichbar mit unserer Haut und gehört zur Epidermis. An der Basis der Epidermis werden permanent neue Hornzellen gebildet. Kaum gebildet, beginnen diese Zellen zu reifen. Bei diesem Reifungsprozess werden in die Zelle stabile Elemente eingebaut, die sogenannten Keratine. Keratine sind Proteine, die wie ein Netz aufgebaut sind. Sie geben der Hornzelle Festigkeit, damit sie der Belastung standhalten kann. Dazu richten sich die Keratine auf die aktuellen Druck- und Belastungskräfte aus, die auf die Hornkapsel einwirken.

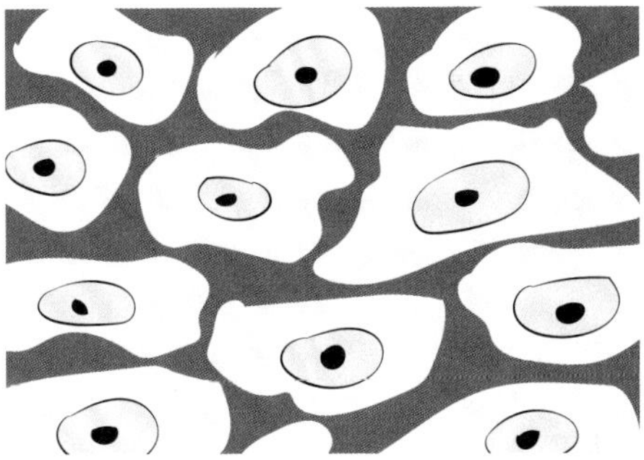

Zwischen den Hornzellen befindet sich der Interzellularkit (grau). Er verbindet die Hornzellen und ist wichtig für eine gesunde Hufstruktur.

WIE DIE HORNWAND ENTSTEHT

Viele Hornzellen bilden die Hornwand und damit den Huf. Der Huf wächst immer von oben nach unten. Aus Richtung des Kronrandes wird permanent neues Horn nach unten in Richtung Boden geschoben. Das nachwachsende Horn besteht aus Hornröhrchen, die der Hornwand Stabilität und Schutz geben. Diese Hornröhrchen werden durch Hornmaterial miteinander verbunden.

MERKE!

Eine ausgereifte Hornzelle kann sich nicht mehr an veränderte Druck- und Zugbelastungen anpassen. Das können nur die neuen Hornzellen, die erst nachproduziert werden müssen! Daher kann ein Stallwechsel mit anderen Böden oder eine Umstellung auf Barhuf manchmal schwierig sein.

Pro Monat wächst das Horn ca. einen Zentimeter vom Kronrand in Richtung Tragrand. Schlechte Hornwandbereiche benötigen daher Zeit, bis sie völlig herausgewachsen sind. Das Herauswachsen ungünstiger Wandstrukturen dauert an der Zehe länger als an der Trachte, weil die Strecke der Zehenwand vom Kronrand bis zum Tragrand länger ist als bei der Trachtenwand.

WER TRÄGT DAS PFERD?

Wenn dein Pferd steht oder sich bewegt, lastet auf seinen Hufen ein hohes Gewicht. Um diese Last zu tragen, hat der Huf eine besondere Struktur entwickelt. Diese Struktur nennt sich Hufbeinträger. Du kannst dir den Hufbeinträger am besten wie eine „Räuberleiter" vorstellen: Enge, ineinandergreifende Hände helfen Gewicht zu tragen. Nach diesem Prinzip ist auch der Hufbeinträger gebaut. Das Horn des Hufes bildet nach innen blättchenartige Fortsätze, die sich mit der darunterliegenden Lederhaut verzahnen. Dabei bilden sie eine gemeinsame Schicht, die stark durchblutet ist. Diese Schicht ist der Hufbeinträger. Auseinandergefaltet könnte damit eine Fläche von ca. 2,5 Quadratmetern bedeckt werden. Auf dieser sehr dünnen, nur wenige Millimeter breiten Struktur lastet das Gewicht deines Pferdes und

MERKE!

Der Hufbeinträger ist die zentrale Schnittstelle zwischen Pferd und Huf!

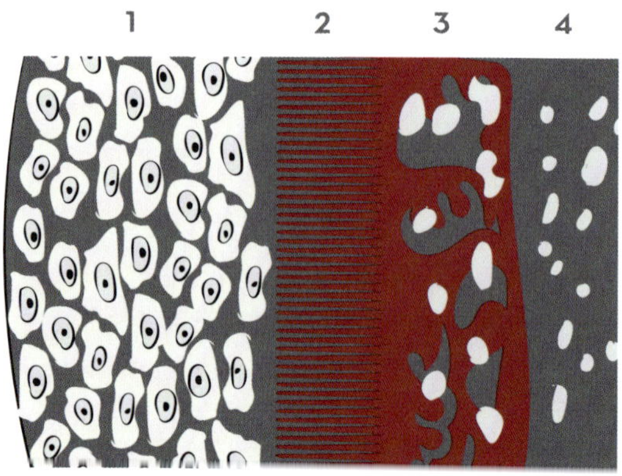

Querschnitt durch eine Hufwand von außen nach innen: Hufhorn (1), Hufbeinträger (2), Lederhaut (3), Hufbein (4)

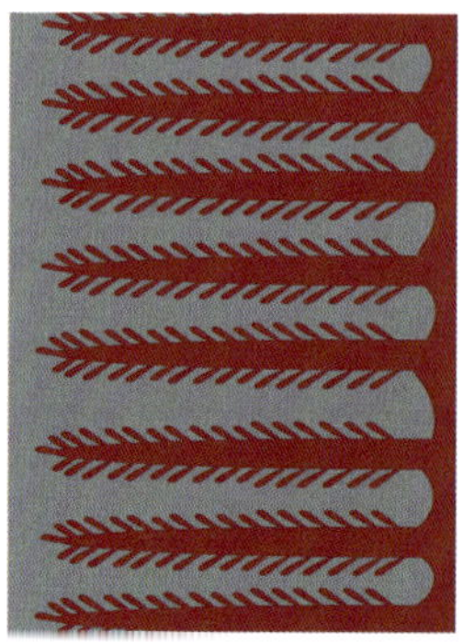

Hier siehst du den Verzahnungsbereich des Hufbeinträgers.

sie trägt auch dich beim Reiten! Natürlich ist der Hufbeinträger keine frei hängende Struktur im Huf. Der Huf ist kompakt gebaut: Die Hornkapsel, das Hufbein, die Hufknorpel und das Bindegewebe, in Form von Polstern, füllen jede Lücke aus. Der Hufbeinträger verbindet das Hufbein mit der Hornkapsel. Druck- und Zugkräfte, die über die Knochenstruktur im Huf ankommen, werden so direkt auf die Hornkapsel übertragen. Der Körperbau deines Pferdes und die Art, wie sich dein Pferd bewegt, geben der Hornkapsel ihre individuelle Form.
Aber du darfst dir dieses Belastungsmuster nicht nur von oben nach unten, also vom Körper in den Huf denken! Auch falsche Hufbearbeitung, schlechte Haltungsformen mit mangelnder Hygiene, fehlender Auslauf oder einseitige Untergründe beeinflussen die Form der Hornkapsel. Diese gibt ihre erworbenen Eigenschaften, über den Hufbeinträger, dann nach oben an dein Pferd weiter.

EIN MODELL FÜR DIE FUNKTION DES HUFBEINTRÄGERS

Um besser verstehen zu können, wie die Krafteinwirkung auf den Hufbeinträger die Hornkapsel formt, kann uns ein Modell helfen: das Kasten-Kugel-Modell.
Der Kasten steht für die Hornkapsel. Daran befestigt ist ein feines Netz, das ist der Hufbeinträger. Eine Kugel, die in diesem Netz liegt, symbolisiert das Pferdegewicht. Stelle dir vor, dass die Position der Kugel und damit das Gewicht wandern kann. Die Kugel kann näher an einer Wand des Kastens liegen oder weiter weg. Durch ihre Position bringt sie mehr oder weniger Druck auf diese Wand.
Die Kastenwand steht in diesem Modell für eine Hufwand. Je näher die Kugel an einer Hufwand liegt, desto stärker wird diese Hufwand belastet. Je weiter weg sich die Kugel von einer Hufwand befindet, desto weniger wird diese Hufwand belastet.
Die stärker belastete Hufwand erfährt mehr Hornabrieb in der Bewegung, sie wird also steiler.

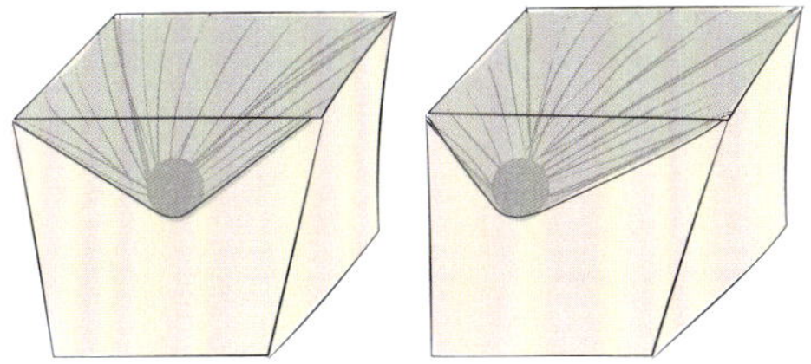

Der Hufbeinträger im Modell. Links: ein Huf in Balance. Rechts: Auf der linken Hufwand wird über den Hufbeintäger mehr Druck und Belastung übertragen. Diese Hufwand wird steiler. Die rechte Hufwand wird entlastet. Sie wird flacher.

MERKE!

Stehst du vor deinem Pferd, schaue, wie die Gliedmaßenstellung den Huf von oben belastet. Bringt die Gliedmaße beispielsweise mehr Gewicht auf die äußere Hufwand, dann würde die Kugel in unserem Modell näher an dieser Hufwand liegen. Dort, wo die „Kugel mehr Gewicht aufbringt“, wird die Hufwand steiler.

Die weniger belastete Hufwand erfährt weniger Hornabrieb in der Bewegung, sie wird also flacher. Die Frage, ob die Kugel mittig oder näher an einer Wand liegt, kann von vielen Faktoren abhängen. Auf das Pferd übertragen, ist der wichtigste Faktor, der die „Lage der Kugel“ bestimmt, die individuelle Anatomie und das Laufverhalten.
Aber auch die Art, wie das Pferd geritten oder vom Boden aus bewegt wird, kann die Position der Kugel bestimmen. Nicht zuletzt haben natürlich auch Erkrankungen einen großen Einfluss darauf.

PFERDE BEURTEILEN

Etwa 60 % des Körpergewichts lastet auf der Vorhand.
Die Vorhand benötigt eine gute Balance.

LEVEL 5

Das Pferd von innen

Bis jetzt haben wir uns von außen nach innen vorgearbeitet und du bist einen großen Schritt weiter, um zu verstehen, wie das Pferd den Huf formt. Dies vertiefen wir nun und schauen auf die Anatomie und Gliedmaßenstellung des Pferdes.

Schematische Darstellung der Knochenstruktur der unteren Gliedmaße.

DAS PFERD IST EINE PRIMA-BALLERINA

Du hast gesehen, dass der Hufbeinträger es dir ermöglicht, nach oben in das Pferd zu schauen. Lasse uns einen Blick auf die Struktur direkt über dem Huf werfen, auf die Gliedmaße. Bevor wir uns verschiedene Gliedmaßenstellungen und ihre Wirkung auf den Huf anschauen, klären wir erst einmal die spannende Frage, wie eine Pferdegliedmaße aufgebaut ist und wie sie funktioniert.

Wenn du schon mal einen längeren Ausflug oder eine Wanderung gemacht hast, kennst du das vielleicht: Du hast einen Rucksack gepackt und merkst, dass er sehr schwer ist. Eigentlich möchtest du so wenig wie möglich Gewicht mit dir herumtragen, kannst aber auf nichts davon verzichten! Genau dasselbe Problem hat auch das Pferd. Als Wildpferd muss es 40, 50 oder mehr Kilometer am Tag zurücklegen, um genügend Nahrung zu finden. Dabei darf das Pferd nicht mehr Energie verbrauchen, als es durch die Nahrung aufnehmen kann! Es muss also Energie sparen und das geht am besten durch das Reduzieren von Gewicht. Zu diesem Zweck hat sich die Natur einiges einfallen lassen!

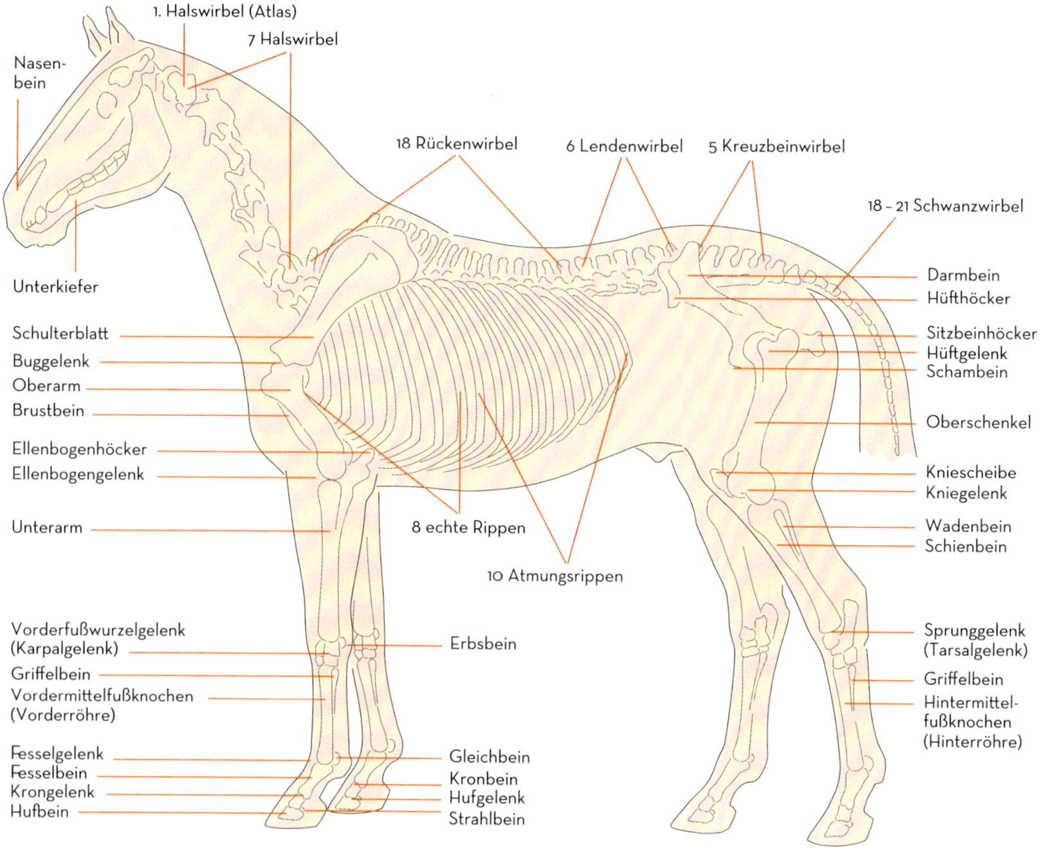

Das Skelett des Pferdes

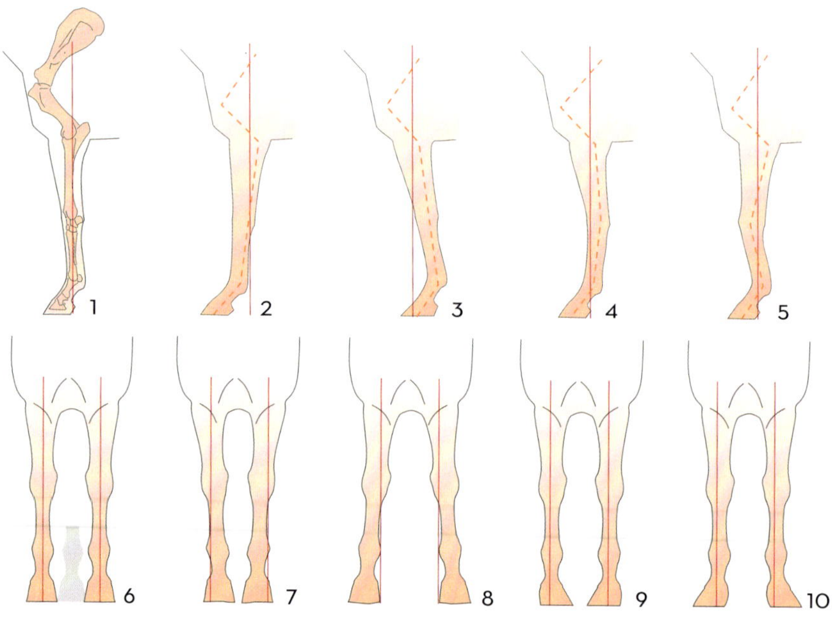

Die Gliedmaßenstellung von der Seite und von vorn gesehen: 1 regelmäßig, 2 vorständig, 3 rückständig, 4 rückbiegig, 5 vorbiegig, 6 regelmäßig, 7 bodeneng, 8 bodenweit, 9 regelmäßig zeheneng, 10 regelmäßig zehenweit.

DAS PFERD WILL WENIG GEWICHT BEWEGEN

Wenn du dir ein Pferdeskelett anschaust, fällt dir auf, dass die Knochen der Gliedmaße immer kleiner und leichter werden, je weiter sie vom Körper entfernt sind. Besonders gut zu sehen ist das am Hufbein. Dieser Knochen ist am weitesten vom Rumpf des Pferdes entfernt und er ist sehr leicht gebaut. Aber das Pferd hat am Ende seiner Gliedmaße nicht nur leichte Knochen, es verzichtet auch auf viele Knochen. So sind beispielsweise die Elle im Unterarm oder das Wadenbein im Unterschenkel nur noch als Knochenreste erhalten.
Um zu verstehen, was sich die Natur dabei gedacht hat, müssen wir uns kurz mit der physikalischen Größe „Trägheitsmoment" befassen. Das Trägheitsmoment ist beim Pferd die Kraft, die benötigt wird, um ein Gewicht oder eine Masse um ein Gelenk zu beschleunigen bzw. zu bewegen. Falls du schon einmal Ski gefahren bist, kennst du das vielleicht. Skischuhe sind nicht nur extrem steif und unbeweglich, sie sind vor allem auch extrem schwer. Läufst du darin eine Weile herum, ist das äußerst anstrengend. Denn bei jedem Schritt musst du ein zusätzliches, sehr hohes Gewicht am Ende deiner Beine in Bewegung bringen.
Das Trägheitsmoment des Skischuhs, welches du überwinden musst, ist groß. Das Laufen ist für dich deshalb sehr anstrengend und du verbrauchst viel Energie. Weniger Energie würdest du verbrauchen, wenn dein Schuh leicht wäre.
Hätte das Pferd am Ende seiner Beine viele, schwere Knochen, würde es ihm genauso gehen. Die Fortbewegung für das Pferd wäre anstrengend und es würde mehr Energie verbrauchen. Es hätte Schwierigkeiten, am Ende des Tages auf eine positive Energiebilanz zu kommen. Das ist im Übrigen auch der Grund, warum das Pferd ab der Mitte der Gliedmaße in Richtung Huf keine Muskeln mehr hat, denn Muskeln sind schwer.

DAS PFERD BRAUCHT LEISTUNGSFÄHIGE SEHNEN

Wenn das Pferd also Muskeln reduziert, um Gewicht zu sparen, ist das Ende der Gliedmaße zwar leichter, bringt aber gleichzeitig ein Problem mit sich: Wer soll jetzt die Gelenke bewegen, sie strecken und beugen, wenn die Muskeln fehlen, die diese Aufgabe übernehmen könnten?Aber auch hier hat sich die Natur eine clevere Lösung überlegt: Die Sehnen können diese Aufgabe übernehmen! Deshalb finden wir ab dem Vorderfußwurzel- und ab dem Hinterfußwurzelgelenk in Richtung Huf sehr lange Sehnen. Auf der Hinterseite der Gliedmaßen sind die langen Beuge-

Die Gliedmaßenstellung der Hinterhand: 1 regelmäßig, 2 rückständig, 3 vorständig.

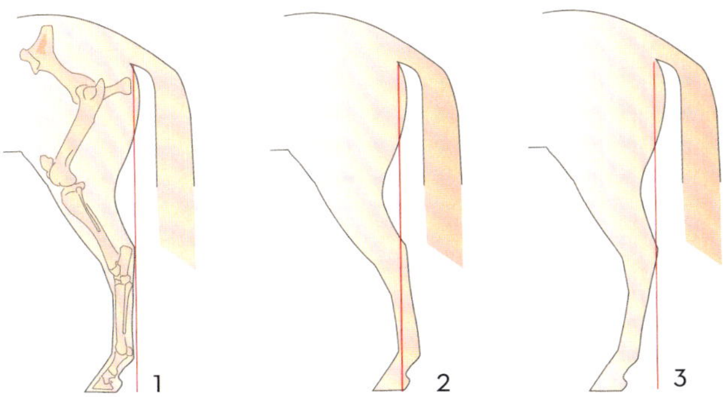

sehnen. Sehnen sind immer mit einem Muskel verbunden.
Wenn du bei deinem stehenden Pferd an die Beugesehnen fasst, spürst du, dass sie unter dem Pferdegewicht sehr straff gespannt sind und sich fast wie ein Knochen anfühlen. In diesem angespannten Zustand speichert die Sehne Energie, sie nimmt eine Dehnspannung auf, ähnlich wie ein Gummiband.
Wenn du ein Gummiband locker zwischen den Fingern hältst, ist es weich und entspannt. Ziehst du es auseinander, wird es fest und angespannt. Gleichzeitig speichert das Gummiband Energie, die dann frei wird, wenn du es loslässt. So ähnlich ist das auch bei deinem Pferd! Steht das Pferd mit seinem Körpergewicht auf der Gliedmaße, dann spannen sich die Beugesehnen an und speichern dadurch Dehnspannung und Energie. Bringen Rumpf und Gliedmaße das Pferd in Bewegung, entspannen sich die Sehnen. Dabei wird die Dehnspannung frei und hilft den Muskeln beim Bewegen der Gelenke. Sehnen sind leichter als Muskeln, deshalb kann das Pferd mit dieser Technik gewichtsarm und energiesparend unterwegs sein.
Das Zusammenspiel von Muskeln, Sehnen und Gelenken ist eng aufeinander abgestimmt und kann nur dann gut funktionieren, wenn es nicht gestört wird. Was könnte stören? Da gibt es viele Möglichkeiten. Ein sehr großer Störfaktor ist aber ein schlecht bearbeiteter oder nicht balancierter Huf! Ist ein Huf beispielsweise zu flach oder zu steil, verändert das die Winkelung der Gelenke. Damit ändert sich die Fähigkeit der Sehnen, die benötigte Dehnspannung zu speichern. Das führt dazu, dass die Muskeln mehr arbeiten müssen und stärker werden, wodurch die täglich zu bewegende Pferdemasse schwerer wird.

MERKE!

Unpassende Hufe sind kein „Kavaliersdelikt“ in der Hufbearbeitung. Sie führen zum Abbruch biomechanischer Ketten im Pferd, das hat weitreichende Folgen!

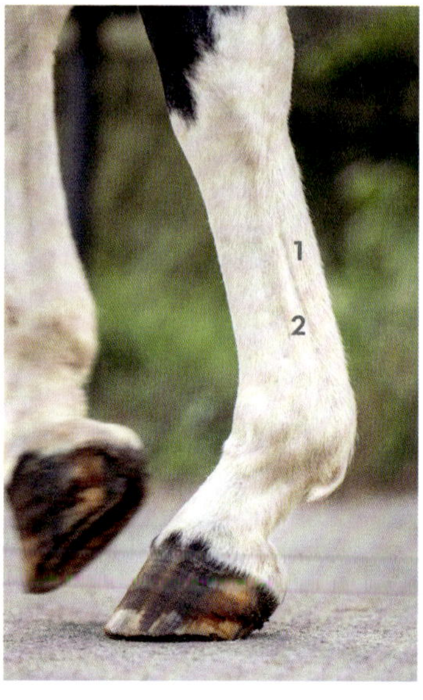

Die Strukturen der unteren Gliedmaße. Beugesehnenpaket: oberflächliche und tiefe Beugesehne (1) und Fesselträger (2).

DIE GLIEDMASSE MACHT DRUCK AUF DEN HUFBEINTRÄGER

Das Pferd steht auf vier Säulen: die rechte und die linke Vorhand und die rechte und die linke Hinterhand. Jede Säule bringt durch den Hufbeinträger Gewicht auf die Hornkapsel und bestimmt damit deren Form. Je nachdem, wie die Gliedmaße gebaut ist, überträgt der Hufbeinträger das Pferdegewicht durch die unterschiedlichen Druck- und Zugkräfte auf die Hornkapsel. Dadurch bekommt sie ein charakteristisches Aussehen.
Es ist also möglich, bei einer bestimmten Gliedmaßenstellung auch eine bestimmte Hufform zu erwarten.

Zu viele Muskeln: ein Pferd mit stark bemuskelter Vorhand

Umgekehrt kann bei einer bestimmten Hufform auch eine bestimmte Gliedmaßenstellung erwartet werden. Die Gliedmaßenstellungen wiederum bestimmen, wie sich ein Pferd bewegt und wie die Körperlast getragen wird. Dabei gibt es im Sinne der Pferdegesundheit „bessere" und „schlechtere" Gliedmaßenstellungen. Du kannst also ausgehend von der Hufform Rückschlüsse auf das Bewegungsverhalten und mögliche Erkrankungen deines Pferdes ziehen.

DIE GLIEDMASSENSTELLUNG VON VORNE UND HINTEN BETRACHTET

Pferde zeigen uns sehr unterschiedliche Gliedmaßenstellungen. Wenn du von vorn auf die Vorhand oder von hinten auf die Hinterhand des Pferdes schaust, kannst du seine Gliedmaßenstellungen gut erkennen. Damit siehst du auch, wie das Gewicht über die Breite des Hufes verteilt wird. Hierbei entstehen steile oder flache Hufwände. Steht dein Pferd regelmäßig, wird die Last mittig auf den Huf verteilt.

UNREGELMÄSSIGE GLIEDMASSENSTELLUNGEN

Eine regelmäßige Gliedmaßenstellung mit einer regelmäßigen Hufform ist aber eher die Ausnahme. Häufiger sind Gliedmaßenstellungen anzutreffen, die Hufe ungleich belasten. Dazu gehören:

– Gliedmaßenstellungen, die mehr Last auf die Außenseite des Hufes bringen, sodass die äußere Hufwand steiler wird, sind bodeneng oder o-beinig.

– Gliedmaßenstellungen, die mehr Last auf die Innenseite des Hufes bringen, sodass die innere Hufwand steiler wird, sind bodenweit oder x-beinig.

002

Beurteilung der Gliedmaße

Der Film zeigt, wie du dich zur Beurteilung der Gliedmaße aufstellen solltest.

Gliedmaßenstellungen

Die Gliedmaßenstellung deines Pferdes kann dir helfen, dein Pferd besser zu verstehen. Sie kann dir Hinweise auf die Gesundheit und das Laufverhalten geben. Ungünstige Gliedmaßenstellungen lassen auch auf mögliche Erkrankungen schließen.

1.
Regelmäßige Vorhand: Gelenke, Muskeln und Sehnen werden gleichmäßig belastet.

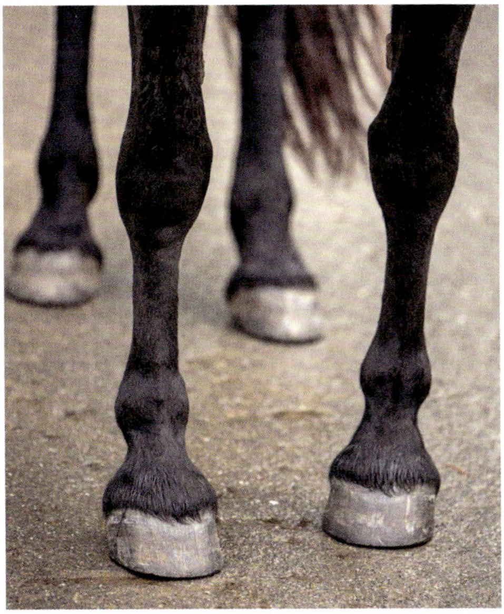

2..
O-beinige Vorhand: Dies ist eine ungünstige Gliedmaßenstellung. Bei Überbelastung können Erkrankungen auftreten.

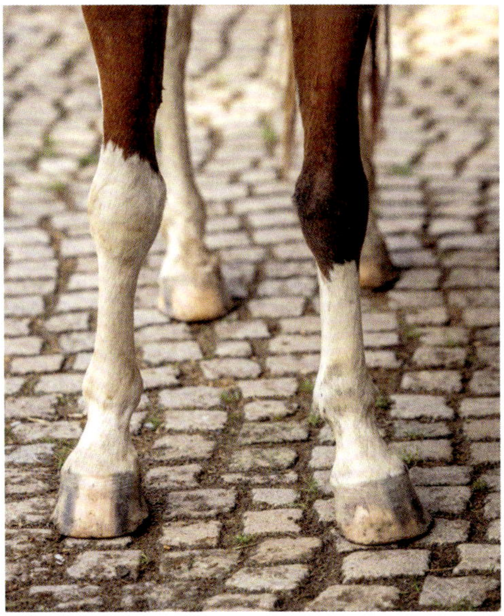

3..
Bodenweite Vorhand: Diese Pferde zeigen eine eher schmale Brust. Die Hufinnenseiten werden stärker belastet.

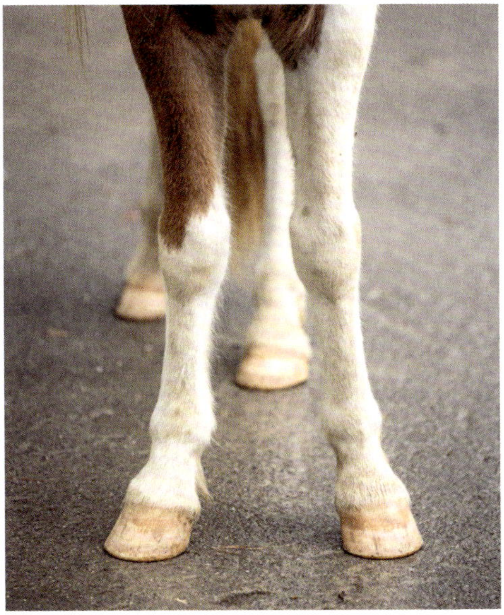

4.
X-beinige Vorhand: Die Vorderfußwurzelgelenke stehen näher zusammen. Häufig findest du das bei Ponys.

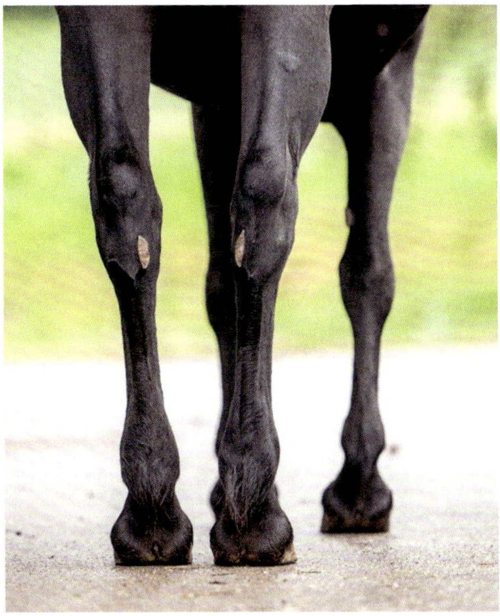

5.
Bodenenge Hinterhand: Die Hinterhand steht v-förmig nach innen. Die Hufaußenseiten werden mehr belastet.

DER EINFLUSS DER VORDER- UND HINTERFUSS-WURZELGELENKE

Gliedmaßen, bei denen die Vorder- oder Hinterfußwurzelgelenke weiter nach innen stehen als der Rest der Gliedmaße, führen zu x-beiniger oder kuhhessiger Gliedmaßenstellung. Gliedmaßen bei denen die Vorder- oder Hinterfußwurzelgelenke weiter nach außen stehen als der Rest der Gliedmaße, führen zu o-beinger Gliedmaßenstellung.

DER EINFLUSS DER ZEHE

Oft ändert sich ab dem Fesselgelenk noch einmal der Verlauf der Gliedmaße bis zum Huf. Pferde können in der Zehe regelmäßig, zeheneng oder zehenweit stehen.

Die Zehenstellungen des Pferdes von links nach rechts: regelmäßig, zeheneng und zehenweit

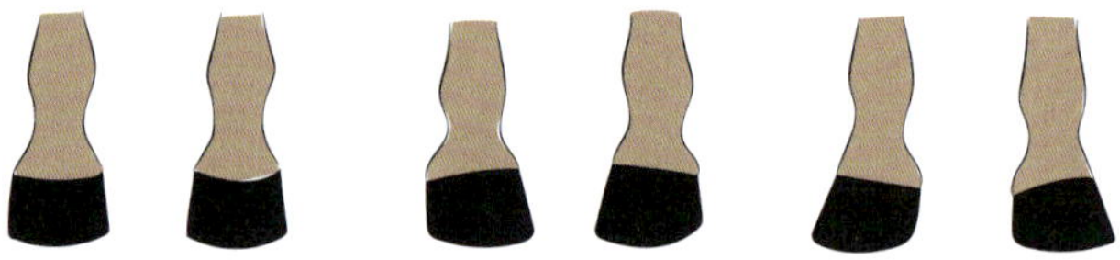

MERKE!

Die Ausrichtung der Zehe kann den Lastauftrag der oberen Gliedmaße auf den Huf verstärken oder abschwächen.

Ein Beispiel: Ein bodeneng-zeheneng stehendes Pferd. Bei dieser Gliedmaßenstellung ist die Belastung der äußeren Hufwand noch zusätzlich verstärkt. Die Gefahr von Überlastungen und Erkrankungen steigt.

DIE GLIEDMASSENSTELLUNG VON DER SEITE BETRACHTET

Die Gliedmaßen können beim Pferd auch mehr nach vorne oder mehr nach hinten gestellt sein. Das erkennst du, wenn du von der Seite auf die Gliedmaße schaust. Diese Gliedmaßenstellungen belasten entweder

1 Seitlich regelmäßige Vorhand mit zentrierter Belastung

2 Seitlich rückständige Vorhand

3 Rechte Vorhand vorständig

4 Bärentatzig ist eine häufige Gliedmaßenstellung bei Kaltblutpferden. Die vordere Gliedmaßenkante und die Zehenwand des Hufes verlaufen nicht in einer Linie.

1

die Zehe oder die Trachte des Hufes stärker, sodass steile oder flache Hufe entstehen.
– Bei der regelmäßigen Gliedmaßenstellung wird der Huf zentriert belastet.
– Eine Gliedmaßenstellung, die mehr Last auf die Zehe bringt, sodass der Huf steiler wird, heißt rückständig.
– Eine Gliedmaßenstellung, die mehr Last auf die Trachte bringt, sodass der Huf flacher wird, ist vorständig und bärentatzig.

Der Einfluss des Vorder- und des Hinterfußwurzelgenks

Viele Pferde haben einen Knick auf Höhe des Vorder- oder Hinterfußwurzelgelenks, der nach vorne oder hinten zeigt. Dieser Knick kann eine Vor- oder Rückständigkeit der Gliedmaße verstärken oder abmildern.
Ein Beispiel: Steht ein Pferd rückständig und zeigt es gleichzeitig im Vorderfußwurzelgelenk einen leichten Knick nach vorne, schwächt dieser Knick die eigentliche Rückständigkeit ab.

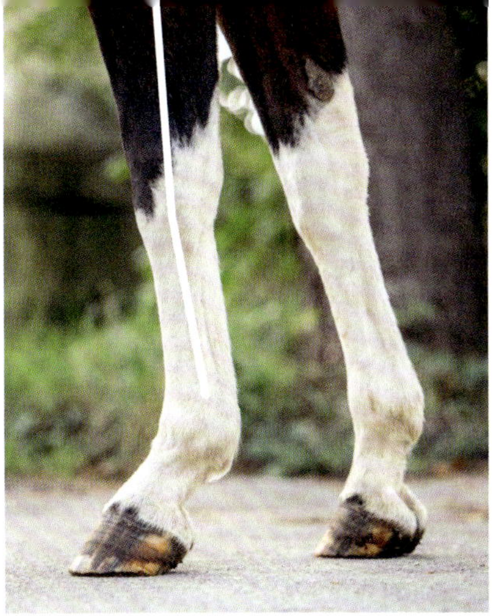

Die Vorhand steht eigentlich rückständig. Auf der Höhe des Vorderfußwurzelgelenks ist aber ein leichter Knick nach vorne zu erkennen. Dadurch wird die Zehe weniger stark belastet.

MERKE!

Abweichungen in den beiden Vorderfuß- und Hinterfußwurzelgelenken können die Belastung im Zehen- oder Trachtenbereich verstärken oder abmildern. Diese Abweichungen können Hinweise auf bestehende oder künftige Erkrankungen sein.

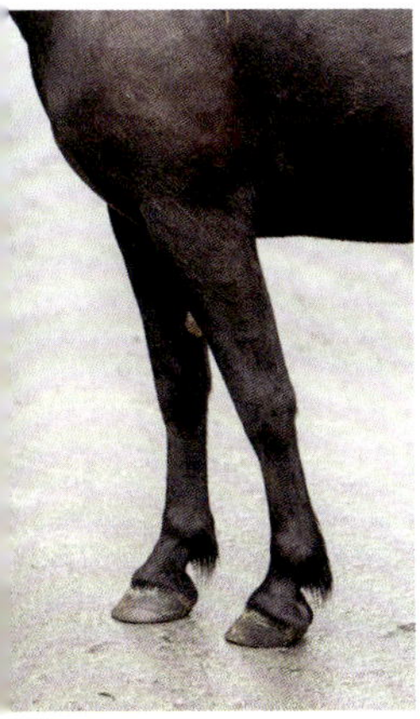

2

3

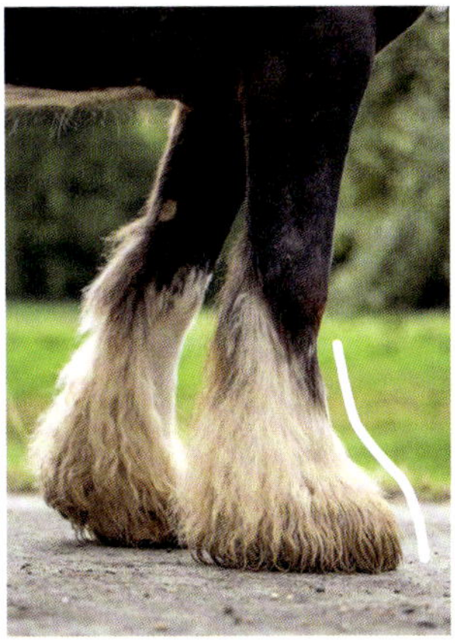

4

HUFE ANALYSIEREN

Nutze die Gelegenheit, Pferden so oft wie möglich auf die Hufe zu schauen. Damit schulst du dein Auge und du verstehst Zusammenhänge besser.

LEVEL 6

Die Hufsituation erkennen

Die Form der Hufwände kann dir sehr viel über den Huf verraten. Wir zeigen dir, welche Blickrichtungen und Positionen du am Pferd einnehmen musst, um zu erkennen, ob die Hufwände belastet oder entlastet sind.

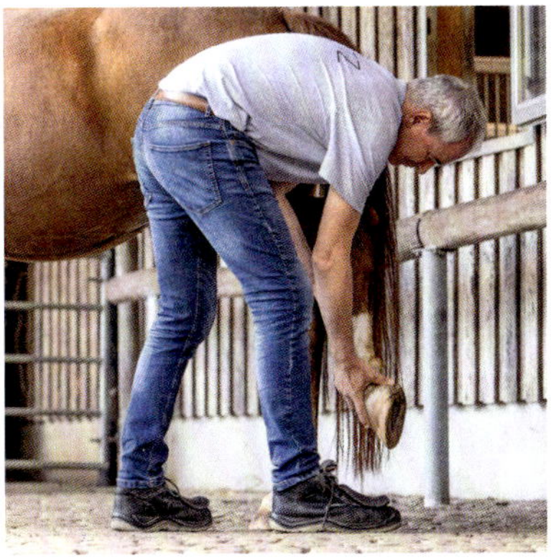

Eine wichtige Perspektive bei der Hufbeurteilung: der Blick über die Huffläche.

003

Hufkontrolle

Der Film zeigt dir, wie du dich richtig zum Pferd aufstellen solltest.

DAS ERKENNEN IM ZEHENBEREICH

Du wirst lernen, wie du flache und steile Hufwände am besten erkennen kannst. Es gibt drei verschiedene Blickwinkel auf den Huf, die dir dabei helfen. Wir zeigen dir denselben Huf aus diesen drei Perspektiven.

Der Blick von vorne

Stelle dich in sicherer Position genau mittig vor den Huf und schaue dir den Verlauf der Zehenwand vom Kronrand zum Tragrand an. Dort, wo die Zehenwand Richtung Boden flacher ausläuft, ist der entlastete Hufbereich.

Der Blick von oben

Stelle dich in sicherer Position genau neben das Bein, dessen Huf du beurteilen möchtest. Schaue von oben auf den Zehenbereich des Hufes. Die Zehenwand ist dort flacher, wo die Hufwand in einem runden Bogen weiter nach außen läuft. Hier macht sie einen größeren Bogen. An dieser Stelle ist der Wandbereich flacher.

Der Blick von unten

Hebe den Huf in sicherer Position auf und schaue auf den Tragrandverlauf. Dort, wo im Zehenbereich die Hufwand dicker und runder ist, ist der Zehenabweiser und damit die flachere Wand. Dort, wo im Zehenbereich der Tragrand abgelaufen erscheint, ist die Zehenrichtung und die steilere Wand.

DAS ERKENNEN IM TRACHTENBEREICH

Der Blick von hinten

Hebe das Bein oberhalb des Hufes auf und lasse den Huf locker nach unten hängen. So kannst du die Trachtenwände am besten sehen und beurteilen. Dort, wo die Trachtenwand schräger nach außen verläuft, ist sie flacher und weniger belastet. Dort, wo die Trachtenwand mehr gerade verläuft oder sich sogar nach innen in Richtung Hufmitte neigt, ist sie mehr belastet.

Der Blick von unten über die Sohle

Du kannst steile und flache Wandbereiche an der Trachte gut erkennen. Bei einer flachen Trachtenwand verläuft der Tragrand weiter und runder nach außen. Hier liegt auch die Wand der Eckstrebe flacher in der Sohle, weswegen du die Eckstrebe mehr flächig siehst.

So schaust du von vorne auf den Huf: Auf der linken Bildseite ist die Hufwand im Zehenbereich flacher und daher weniger belastet.

Blick von oben: Auf der rechten Bildseite läuft der Tragrand in einem weiteren und runderen Bogen nach außen. Hier ist die Hufwand im Zehenbereich flacher und daher weniger belastet.

MERKE!

Die flache Wand zeigt dir den weniger belasteten Wandbereich an. Die steile Wand zeigt dir den mehr belasteten Wandbereich an.

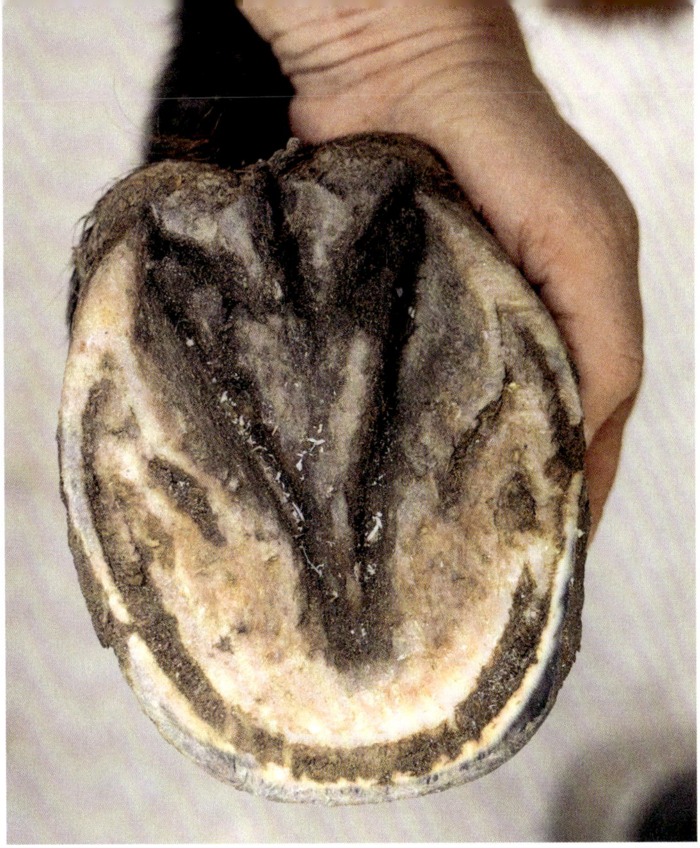

1

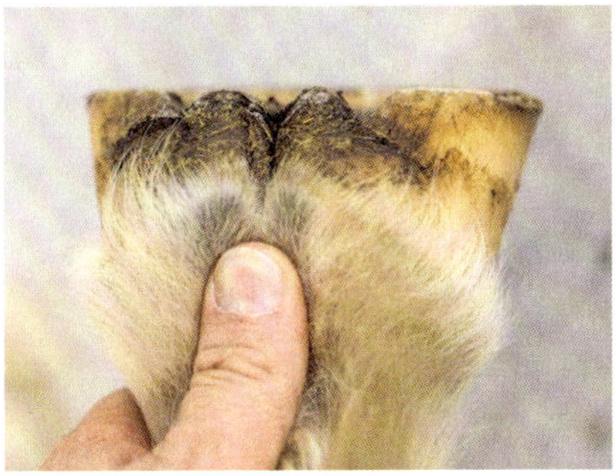

2

3

1 So schaust du auf die Hufsohle: Auf der rechten Bildseite läuft der Tragrand in einem weiteren und runderen Bogen nach außen. Hier ist die Hufwand im Zehenbereich flacher und daher weniger belastet.

2 So schaust du auf den Trachtenbereich: Auf der linken Bildseite ist die Trachte steiler und mehr belastet. Die rechte Trachte hat eine flachere Hufwand und ist weniger belastet.

3 Der Tragrand im Trachtenbereich läuft in der linken Bildhälfte weiter und runder nach außen. Dies ist die weniger belastete Trachte. Hier siehst du auch eine flach liegende Eckstrebenwand. Rechts ist der Tragrand im Trachtenbereich weniger rund, diese Trachte ist mehr belastet. Hier steht die Eckstrebenwand ebenfalls steiler.

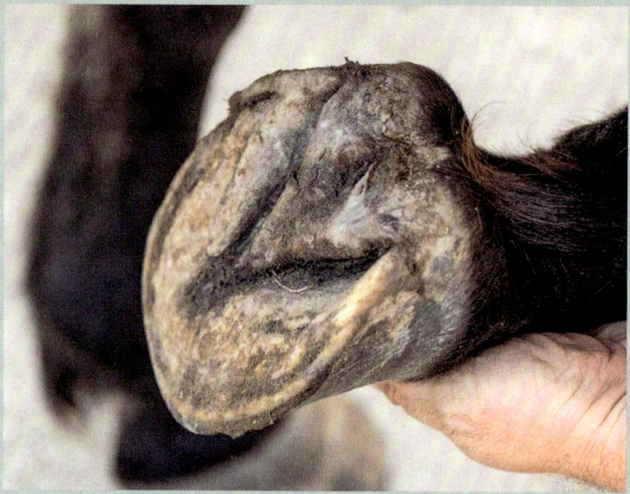

HUFFORMEN ERKENNEN

Der Blick von unten auf den Huf eignet sich sehr gut, um die Form des Hufes zu beschreiben und zu erkennen.

LEVEL 7

Der Huf und seine Formen

Du hast gesehen, dass der Huf in seiner Form wandel- und beeinflussbar ist. Insbesondere die Hufform kann uns viel verraten. Um Hufe zu verstehen, ist die Hornkapsel ein wichtiges Element. Sie kann bestimmte Formen annehmen, diese können wir lesen.

004

Hufform-Schablone

Hier findest du eine Vorlage für eine Schablone, die du ausschneiden und für die Bestimmung der Hufform verwenden kannst.

DIE DREI GRUNDFORMEN DES HUFES

Die Form und Struktur der Hornkapsel ist der Schlüssel zu einem guten Hufverständnis. Schauen wir uns das genauer an.
Der Huf kann steile oder auch flache Wandbereiche zeigen. Bei stärkerer Belastung wird eine Hufwand steiler, bei weniger Belastung wird sie flacher. Die Verteilung von flachen und steilen Wänden bestimmt die äußere Form des Hufes. Diese Verteilung ist nicht zufällig. Flache und steile Wandbereiche treten in bestimmten Mustern auf. Wenn du diese Muster erkennst, ist es dir möglich, den Huf zu lesen. Dabei kannst du viele Rückschlüsse auf die Anatomie und die Bewegung deines Pferdes ziehen. Die einfachste Art, die Hufform zu erkennen, ist der Blick von unten auf den Verlauf des Tragrandes. Dabei schaust du direkt auf die Sohle und teilst dir den Huf in vier Viertel ein. Nutze dafür gerne die Hufschablone, die du in diesem Buch findest!

DENKE IN HUFVIERTELN

Ein Hufviertel ist ein 90-Grad-Ausschnitt. Teile dir den Huf in der Ansicht von unten in vier Viertel ein.

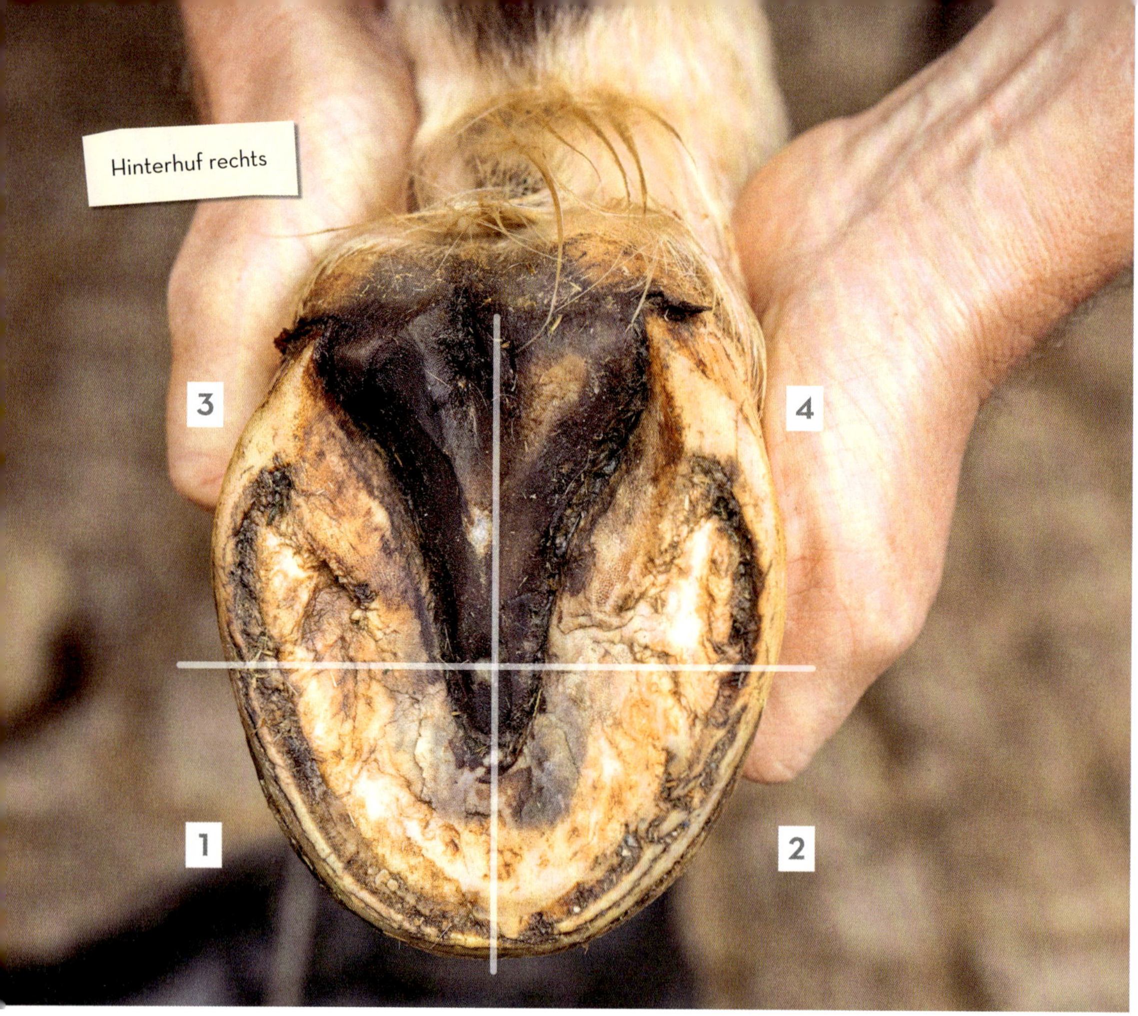

Teile den Huf in vier Viertel ein. So kannst du die Hufform leichter erkennen und bestimmen.

MERKE!

Zeigt ein Zehenviertel einen Zehenabweiser, dann ist dies das weite Viertel mit der flachen Hufwand. Zeigt ein Zehenviertel eine Zehenrichtung, dann ist dies das enge Viertel mit der steilen Hufwand.

Die Vorderhufe vieler Pferde haben eine runde Grundform. Die Hinterhufe vieler Pferde haben eine länglich-ovale Grundform. Sind sich hierbei die Hufhälften sehr ähnlich, dann sind diese Grundformen regelmäßig.

Zehen- und Trachtenviertel

– Das Zehenviertel 1 liegt auf der Innenseite des Hufes.
– Das Zehenviertel 2 liegt auf der Außenseite des Hufes.
– Das Trachtenviertel 3 liegt auf der inneren Seite des Hufes.
– Das Trachtenviertel 4 liegt auf der Außenseite des Hufes.

Die Hufviertel bestimmen

Bestimme die Form der Viertel. Das Viertel, bei dem der Tragrand runder nach außen verläuft, ist das „weite" Viertel mit der flachen Hufwand. Das

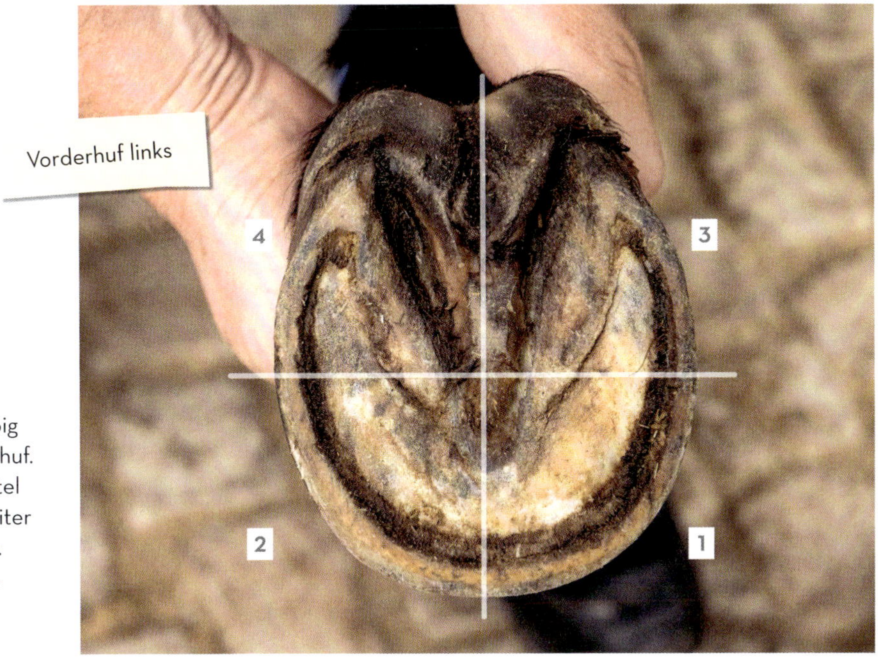

Ein regelmäßig runder Vorderhuf. Kein Hufviertel ist auffällig weiter oder enger.

Viertel, bei dem der Tragrand mehr gerade verläuft, ist das „enge" Viertel mit der steilen Hufwand. Hast du alle Viertel eines Hufes bestimmt, kannst du die Hufform ermitteln.

DER REGELMÄSSIGE HUF

Regelmäßig bedeutet nicht, dass ein Huf rund sein muss. Es bedeutet, dass beide Hufhälften gleich aussehen. Auch Hufe, die eine eher längliche oder ovale Form haben, können regelmäßig sein, wenn die Form der beiden Hufhälften gleich oder sehr ähnlich aussieht.

Analyse

Sowohl bei den Zehenvierteln als auch bei den Trachtenvierteln ist kein Viertel im Vergleich untereinander eindeutig eng oder weit. Dein Huf hat somit eine regelmäßige Form.

DER EINSEITIG BELASTETE HUF

Häufiger anzutreffen ist ein Huf, bei dem die Hufwände unterschiedlich belastet sind. Das ist erst einmal nicht schlimm oder problematisch, solange der Unterschied zwischen steilen und flachen Hufhälften nicht zu deutlich ist. Hat eine Hufhälfte nur steile oder flache Wandbereiche, dann ist der Huf einseitig belastet. Dies zeigt dir, dass das Pferd durch seine Gliedmaßenstellung oder seine Bewegung den Huf ungleich belastet.

Analyse

Ein Zehenviertel und ein Trachtenviertel sind eng und ein Zehenviertel und ein Trachtenviertel sind weit. Gleichzeitig liegen die engen und weiten Viertel jeweils auf derselben Seite des Hufes:

Fall 1: Das Zehenviertel und das Trachtenviertel der Hufinnenseite sind eng. Das Zehenviertel und das Trachtenviertel der Hufaußenseite sind weit. Der Huf ist halbeng-halbweit.

Fall 2: Das Zehenviertel und das Trachtenviertel der Hufinnenseite sind weit. Das Zehenviertel und das Trachtenviertel der Hufaußenseite sind eng. Der Huf ist halbweit-halbeng.

ANALYSE VORDERHUF

Halbweiter-halbenger rechter Vorderhuf. Die linke Hufhälfte im Bild hat eine flach in der Sohle liegende Eckstrebe und der Tragrand läuft in einem weiteren Bogen nach außen. Die rechte Hufhälfte im Bild hat eine mehr senkrecht stehende Eckstrebe und der Tragrand steht ebenfalls mehr senkrecht Richtung Boden.

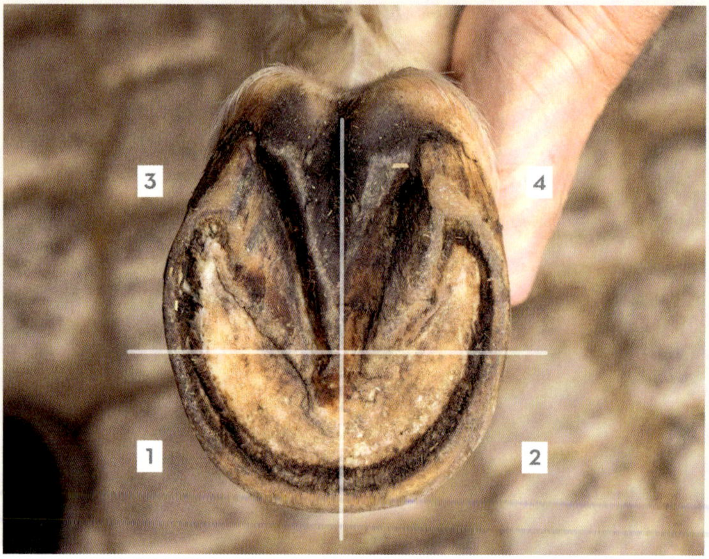

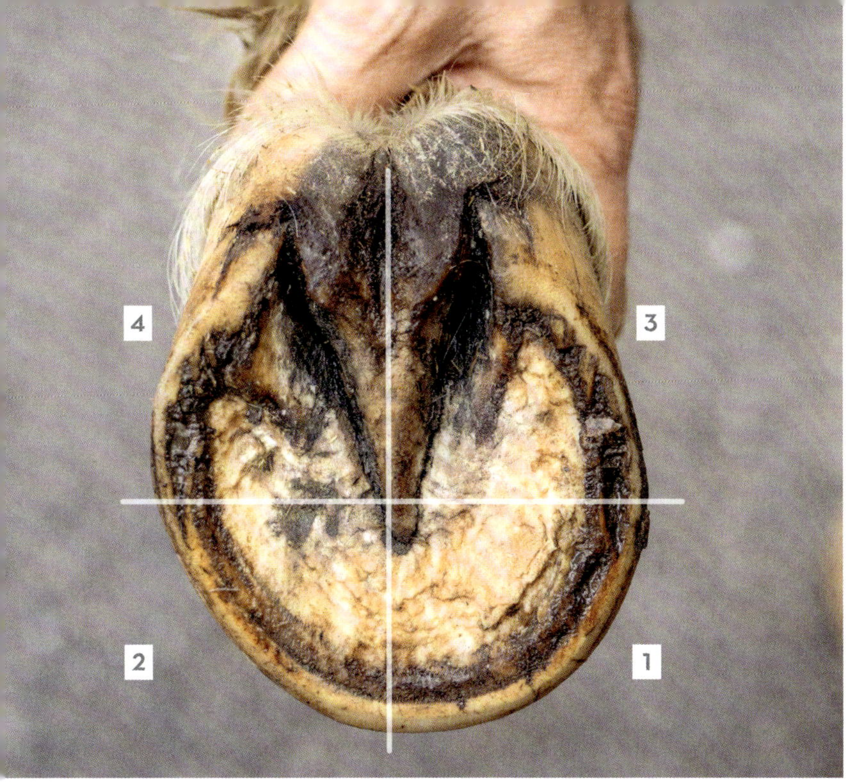

Linke Vorhand mit einem diagonalen Huf. Weite und enge Wandbereiche liegen sich diagonal gegenüber. Der Huf ist diagonal nach innen gerichtet.

DER DIAGONALE HUF

Die häufigste Form, die du am Huf finden wirst, ist der Diagonalhuf.

Analyse

Das weite Zehenviertel liegt dem weiten Trachtenviertel diagonal gegenüber und das enge Zehenviertel liegt dem engen Trachtenviertel ebenfalls diagonal gegenüber.

Fall 1: Wenn das Zehenviertel 1 und das Trachtenviertel 4 eng sind, ist der Huf an der Zehe diagonal nach außen gerichtet.

Fall 2: Wenn das Zehenviertel 2 und das Trachtenviertel 3 eng sind, ist der Huf an der Zehe diagonal nach innen gerichtet.

WAS VERRATEN VERSCHIEDENE HUFFORMEN?

Nun hast du gelernt, die Form der Hufe deines Pferdes zu erkennen. Jetzt wird es richtig spannend! Denn jetzt kannst du herausfinden, was die Hufform über den Huf und dein Pferd verrät!

Was der regelmäßige Huf verrät

Regelmäßige Hufe entsprechen unserer idealen Vorstellung, denn sie sehen für unser Auge gut aus und stehen für eine optimale Balance im Stand und in der Bewegung des Pferdes. Der regelmäßige Huf ist aber die seltenste der drei Hufformen. Wenn du dir hundert Pferdehufe anschaust, kannst du davon ausgehen, dass weniger als zehn Hufe regelmäßig sein werden. Das hat viele Gründe. Ein Hauptgrund dafür ist die Länge der Pferdegliedmaße, die in ihrem Verlauf viele bewegliche Abschnitte, wie Gelenke oder Muskeln hat. Daher ist die Wahrscheinlichkeit groß, dass die Gliedmaße ungleich belastet wird.

Diese Ungleichbelastung kann nicht nur durch die anatomische Struktur der Gliedmaße entstehen, auch Erkrankungen, die Haltung oder die Reitweise können bewirken, dass Hufe ungleich belastet werden. Dieses Prinzip gilt aber auch umgekehrt: Ist der Huf regelmäßig, kannst du erwarten, dass ...

– ... dein Pferd sehr wahrscheinlich eine gerade verlaufende Gliedmaßenstellung hat.
– ... sich dein Pferd sehr wahrscheinlich gleichmäßig und harmonisch bewegt.
– ... der Huf in einer gesunden Balance ist.

Die Wahrscheinlichkeit, dass dein Pferd im Bereich von Gelenken, Sehnen, Muskeln und Bändern erkranken wird, ist weniger stark ausgeprägt! Ein gutes, ausbalanciertes Training trägt dazu bei, Hufe besser in Balance zu halten, was sich durch eine ausgeprägt regelmäßige Hufform zeigt.

Durch das starke Ausdrehen der Gliedmaßen in ihrem unteren Abschnitt wird die innere Hufwand stärker belastet und entwickelt steile Hufwände.

MERKE!

Regelmäßige Hufformen können auch entstehen, wenn sich unterschiedliche Orientierungen der Knochen, im Verlauf der Gliedmaße, gegenseitig ausgleichen. Der Huf sieht dann zwar regelmäßig aus, die dennoch vorhandene Schiefe in der Knochenstruktur kann langfristig zu Problemen führen.

Was der einseitig belastete Huf verrät

Wird ein Huf einseitig belastet, dann ist er einseitig eng. Dort, wo die Hufwand im Zehen- und Trachtenbereich mehr belastet wird, ist sie steiler. Dort, wo die Hufwand weniger belastet wird, ist sie flacher. Der individuelle Körperbau jedes Pferdes ist ein Grund für die einseitige Belastung des Hufes. Hier folgen zwei Beispiele für einseitig belastete Hufformen.

Kaltblut: Kaltblutpferde stehen mit breiter Schulter und eher kürzeren Gliedmaßen meist bodeneng. Steht

MERKE!

Einseitig belastete Hufe sind grundsätzlich kein Problem. Je nach Pferd können sie rassetypisch und somit auch passend für dein Pferd und seine Gliedmaßen sein. Sind sie jedoch deutlich einseitig belastet, können Probleme auftreten.

dein Pferd bodeneng, belastet es die äußere Hufwand mehr und der Huf wird halbweit-halbeng.

Pony: Ponys haben eher eine schmale Schulter und die Gliedmaßen sind im Vergleich mit dem Rest des Körpers eher lang. Sie stehen deshalb eher bodenweit oder auch x-beinig. Dadurch wird die innere Hufwand mehr belastet und der Huf wird halbeng-halbweit. Der Körperbau deines Pferdes kann also dazu führen, dass seine Hufe von einer regelmäßigen Hufform abweichen und einseitig belastete Hufe entstehen.

Einseitig belastete Hufe treten deutlich häufiger auf als regelmäßige Hufe. Schätzungsweise liegt der Anteil bei rund 25 bis 35 % aller Pferde.

Was der diagonale Huf verrät

Bei einem diagonalen Huf liegen sich enge und weite Wandbereiche jeweils diagonal gegenüber. Die engen Hufbereiche zeigen dir die Belastungsachse des Hufes. Die Belastung erfolgt dabei diagonal über den Huf: Von einem Trachtenviertel zu einem Zehenviertel oder auch umgekehrt, von einem Zehenviertel zu einem Trachtenviertel.

Ein Beispiel: Ist der innere Trachtenbereich und die äußere Zehenwand eng, dann läuft die Belastungsachse von innen nach außen über den Huf. Das Pferd fußt zuerst an der inneren Trachte auf und fußt anschließend an der äußeren Zehe ab.

Wieso wandert die Belastungsachse quer über den Huf?

Zu einer Belastungsachse, die quer über den Huf läuft, kommt es bei einem diagonalen Huf, durch eine Rotation (Drehung) der Gliedmaße. Stelle dir die Rotation ungefähr so vor: Nimm ein Handtuch an beiden Enden in deine Hände und spanne es an. Drehst du deine Hände nun gegeneinander, bekommt das Handtuch eine Windung oder Rotation in seinem Verlauf.

005

Diagonalhuf

Der Film zeigt, wie ein Diagonalhuf entsteht.

Beispiel für die Belastung bei diagonalen Hufen: Das Pferd fußt auf der inneren (hier links) Trachte zuerst auf. Die Belastung wandert dann einmal quer über den ganzen Huf, bis zum Abfußungsbereich an der äußeren (hier rechts) Zehe. Dadurch werden diese diagonal gegenüberstehenden Wandbereiche eng.

MERKE!

Ein Huf, der nur leicht diagonal ist, zeigt kein Problem an. Bedenklich sind Hufe, die stark diagonal sind oder nach der Bearbeitung schnell diagonal werden.

Eine Rotation in der Pferdegliedmaße führt dazu, dass die Belastung nicht mehr wie beim einseitig engen Huf gleichzeitig in den beiden Hufvierteln einer Hufhälfte (innere oder äußere Hufhälfte) liegt. Durch die Rotation beginnt die Lastaufnahme erst in einem Hufviertel im Trachtenbereich und anschließend wird das Gewicht in der Bewegung diagonal auf das gegenüberliegende Hufviertel verschoben.

Ein Beispiel: Ein Kaltblutpferd steht auf der Vorhand bodeneng (das ist die einseitige Belastung der äußeren Hufhälfte). Zugleich steht es aber auch zeheneng (das ist die Rotation der Gliedmaße). Der untere Teil der Gliedmaße rotiert nun ab dem Fesselgelenk nach innen. Hierdurch wird nur noch die innere Trachte einseitig belastet und die Belastung wandert beim Abfußen zum äußeren Zehenbereich. Aus der ursprünglich einseitigen Belastung und Rotation entwickelt sich ein Diagonalhuf.

Über 50 % aller Hufe sind leicht oder auch stärker diagonal.

MEHR ODER WENIGER BELASTETE HUFE

Hufe sind unterschiedlich breit. Die Breite eines Hufes kann von vielen Faktoren abhängen. Dazu gehören beispielsweise Rasse, Haltung, Nutzung oder auch Erkrankungen. Unterschiedliche Pferderassen haben rassetypische Hufformen. Eine Haltung auf weichem Boden führt zu breiteren Hufen, eine Haltung auf härterem Untergrund zu engeren Hufen.

Der breitere Huf

Belastet ein Pferd einen Huf insgesamt mehr, dann wird dieser Huf breiter. Sein Querschnitt wird größer. Entlastet ein Pferd einen Huf insgesamt, wird dieser Huf enger.

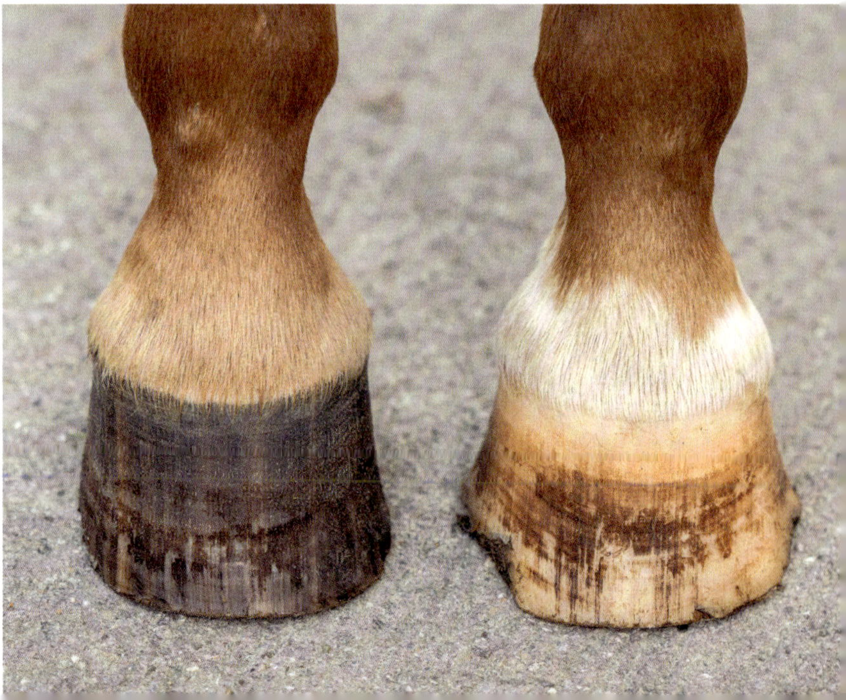

Hufe mit unterschiedlicher Belastung. Rechte Vorhand: Der dunkle Huf ist weniger belastet, dadurch enger und steiler. Linke Vorhand: Der helle Huf ist stärker belastet, dadurch breiter und flacher. Die Mehrbelastung führt zu leichten Rissen, Spalten und ausbrechenden Wänden.

Ein enger Huf. Deutlich zu erkennen sind die hohen Trachten und der tief liegende Strahl. Der seitliche Tragrand läuft sehr gerade und verweist auf steile, seitliche Hufwände.

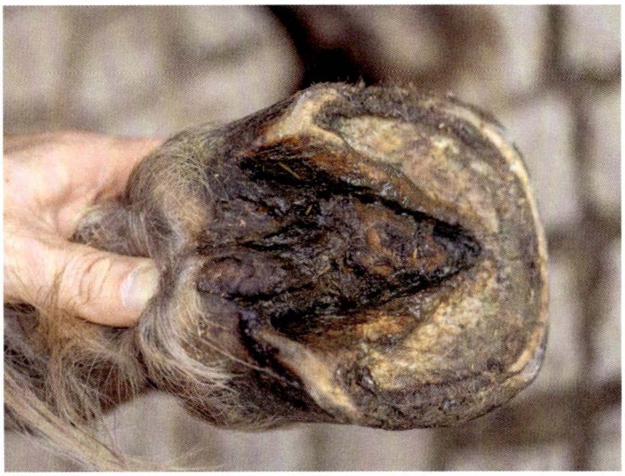

In schräger Ansicht von oben ist der zurückgebildete Strahl gut zu erkennen, der bereits Fäulnisprozesse zeigt. Ein solches Strahlbild ist typisch für enge Hufe.

Sein Querschnitt wird dadurch kleiner. Die Ursachen dafür können sehr unterschiedlich sein. Eine leichte Unterschiedlichkeit in der Breite ist durchaus normal. Ist der Unterschied aber auf den ersten Blick deutlich zu erkennen, zeigt dir das ein Problem an. Kritisch wird es dann, wenn du folgende Warnsignale an dem breiten Huf siehst:

– Die flachen Hufwände neigen zu Rissen und Spalten, vor allem an der Zehe.
– Es ist kaum Sohlenwölbung vorhanden und dein Pferd geht fühlig.
– Rötungen und Einblutungen in Sohle oder Strahl sind erkennbar.
– Dein Pferd hat Mühe, beim Abfußen den Huf schnell hochzuheben.
– Die Sehnen und auch der Bereich des Fesselgelenks sind schwammig-verdickt und überlastet.

Der engere Huf

Enge Hufe haben meist höhere und steilere Trachtenwände. Dadurch verliert der Strahl die Möglichkeit, im Bewegungsablauf Bodengegendruck zu erhalten. Ein Strahl, der nie Belastung erfährt, verkümmert und bildet sich zurück. Zudem sorgt der enge, hintere Hufbereich dafür, dass sich dort leichter Schmutz und Feuchtigkeit festsetzen. Beides sind Faktoren, die das Strahlhorn zusätzlich strapazieren. Natürlich darf ein Huf auch enger sein, wenn das Pferd dies vorgibt. Kritisch wird es dann, wenn du folgende Warnsignale siehst:

– Die Trachten sind sehr hoch.
– Der Strahl liegt tiefer.
– Der Strahl ist zurückgebildet und neigt zu Strahlfäule.
– Dein Pferd reagiert empfindlich beim Auskratzen der Hufe.

MERKE!

Hufe können unterschiedlich breit sein. Fällt dir bei deinem Pferd auf, dass ein Huf deutlich breiter ist, wird dieser Huf mehr belastet und es kann ein Problem vorliegen.

Zu enge Hufe sind auch oft zu steil und haben keine gute Strahlstruktur.

DER LEBENSRAUM

Hufhorn wird ständig gebildet. So kann das Pferd auf wechselnde Einflüsse von außen schnell reagieren und sich optimal anpassen.

LEVEL 8

So wirkt dein Pferd und die Umwelt auf den Huf

Nun kannst du die Hufformen erkennen und weißt, wie die Gliedmaße den Huf belastet. Für ein noch besseres Hufverständnis schauen wir uns jetzt an, wie sich dein Pferd bewegt und welchen Einfluss die Bewegung auf seinen Huf hat. Es warten viele spannende Themen auf dich.

Tipp

Nutze zur Beurteilung des Gangbildes die Slowmotion-Funktion deines Smartphones!

DER EINFLUSS DER GLIEDMASSENFÜHRUNG

Der Einfluss des Pferdes auf den Huf ist ein sehr interessantes, aber auch sehr umfassendes Themengebiet. Wir haben für dich ein paar spannende Fragen herausgesucht und nehmen folgende Aspekte in den Fokus: die Gliedmaße, den Rumpf des Pferdes und als wichtiges Thema auch seine Haltung.

Das Pferdegewicht wird im Stand des Pferdes über die Gliedmaßenstellung auf den Huf übertragen und gibt ihm so eine bestimmte Form. Bewegt sich das Pferd, kommt ein zweiter Faktor hinzu, der die Hufform beeinflusst: Der Hornabrieb. Das Gangbild beeinflusst den Hornabrieb. Doch welcher Hornabrieb entsteht bei welchem Gangbild? Das schauen wir uns jetzt genauer an.

DAS GANGBILD VON VORNE UND VON HINTEN

Wenn du dir die Gliedmaßenstellung der Vorhand oder der Hinterhand anschaust, kannst du eine erste Idee bekommen, wie das Pferd wahrscheinlich laufen wird. Wichtig für eine Beurteilung ist die Hüft- und Schulterbreite.

Gliedmaßen-stellungen beeinflussen das Gangbild.

MERKE!

Steht ein Pferd regelmäßig und bewegt es sich gleichmäßig, dann ist ein gleichmäßiger Hornabrieb zu erwarten.

– Je breiter die Schulter oder Hüfte und je kürzer die Gliedmaße ist, um so mehr wird die Gliedmaße erst in einem leichten Bogen nach außen und dann wieder nach innen geführt. Das wird als bügelnder Gang bezeichnet.
– Je schmaler die Schulter oder Hüfte und je länger die Gliedmaße ist, um so mehr wird die Gliedmaße erst in einem leichten Bogen nach innen und dann wieder nach außen geführt. Das wird als schnürender Gang bezeichnet.

DER HORNABRIEB BEI BÜGELNDEM GANG

Ein Pferd, das bügelt, kommt auf der äußeren Hufwand zuerst auf. Es führt die Gliedmaße in einem Bogen weiter nach innen. Bei der Bewegung nach innen schrubbt das Pferd stärker über die äußere Hornwand. Der Huf wird dabei auf der kompletten Außenseite oder verstärkt auf der äußeren Trachte abgelaufen und wird deshalb in diesen Bereichen steiler.

Typische Gliedmaßenstellung mit bügelndem Gang ist bodeneng, bodeneng-zeheneng oder regelmäßig-zeheneng.

DER HORNABRIEB BEI SCHNÜRENDEM GANG

Ein Pferd, das schnürt, führt die Gliedmaße in einem Bogen nach außen. Typische Gliedmaßenstellung mit schnürendem Gang sind: bodenweit. bodenweit-zehenweit, x-beinig, regelmäßig-zehenweit.
Beim schnürenden Gang werden zwei Intensitäten unterscheiden, die zu unterschiedlichen Ergebnissen beim Hornabrieb führen:
Fall 1: Stark schnürender Gang – das Pferd steht mit den Hufen breiter als die Breite der Schulter. Führt das Pferd den Huf über seine Körperbreite hinaus, dann landet es auf der äußeren Hufwand außerhalb seiner Körpermaße. Belastet es nun den Huf, dann wandert das Gewicht in Richtung Körpermitte. Dadurch landet das Gewicht abschließend auf der inneren Wand. Diese Wand wird steiler, vor allem auch im Trachtenbereich. Die äußere Zehenwand, mit der das Pferd den Boden zuerst nur leicht berührt hat, bleibt dagegen weiterhin flach.
Fall 2: Wenig schnürender Gang – das Pferd steht mit den Hufen nicht breiter als die Breite der Schulter. Führt das Pferd den Huf nicht über seine Körperbreite hinaus, dann landet es auf der äußeren Hufwand innerhalb seiner Körpermaße. Dieser Hufbereich wird dadurch vor allem im Bereich der äußeren Zehe steiler und zeigt eine Zehenrichtung.

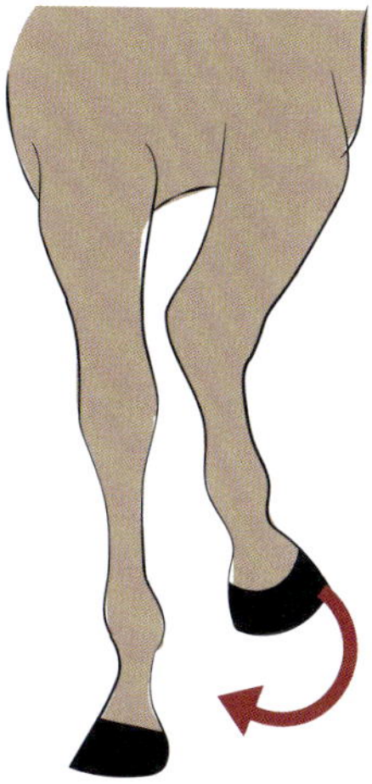

Bügelnder Gang

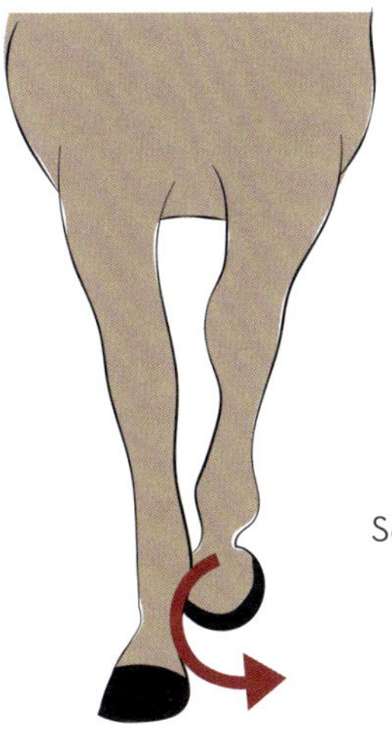

Schnürender Gang

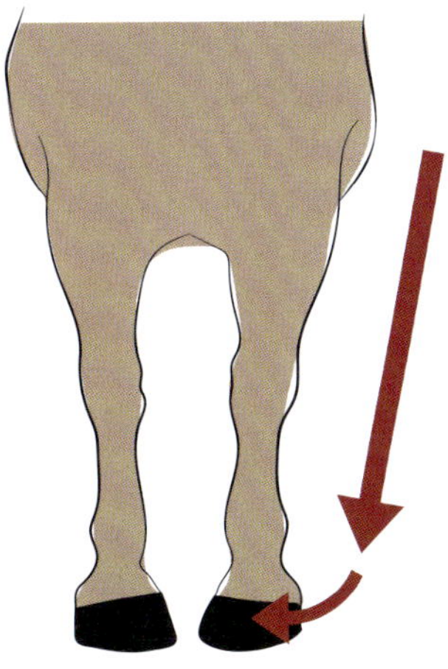

Steht ein Pferd bodeneng-zeheneng, wird die äußere Hufwand stark belastet.

Das Gangbild von der Seite

Schaue dir dein Pferd in der Bewegung von der Seite an. Idealerweise durchläuft die Gliedmaße dabei einen regelmäßigen Schwungbogen. Würden wir den Schwungbogen in der Mitte teilen, hätten wir zwei identische Hälften. Interessant wird es, wenn der Schwungbogen von diesem Ideal abweicht. Es gibt viele Abweichungen, die auftreten können. Hier stellen wir drei häufige Varianten vor.

1.
GLEICHMÄSSIGER SCHWUNGBOGEN

Verlauf: Der Huf hebt ab, erreicht seinen höchsten Punkt in der Mitte der Vorführphase, etwa senkrecht unter den Gelenkachsen, und erreicht anschließend wieder den Boden. Dieser Bogen ist gleichmäßig.

Das zeigt dir der Huf. Du kannst einen Huf erwarten, der nicht zu flach und nicht zu steil ist.

2.
DER FLACH GEFÜHRTE, GLEICHMÄSSIGE SCHWUNGBOGEN

Verlauf: Der Schwungbogen wird zwar gleichmäßig, aber flach über den Boden geführt. Das Pferd neigt zudem dazu, zu stolpern.

Ursache: Die Gelenke werden nicht ausreichend gebeugt und die Gliedmaße nur eingeschränkt beschleunigt. Auch Sattelprobleme oder schlechte Reitweisen können zu diesem Laufbild führen.

Verdacht Vorhand: Probleme im Schulter-/Halsbereich beim Vorführen, Erkrankungen wie Arthrosen in den Zehengelenken, Hufrollenprobleme oder Schmerzen im Bereich der Vorderfußwurzelgelenke.

Verdacht Hinterhand: Probleme im Sprunggelenk, Knie oder Hüftbereich.

Das zeigt dir der Huf: einseitig oder beidseitig abgelaufene Zehen.

Merke: Abgelaufene Zehen deuten auf Probleme in der Gliedmaße oder im Rumpfbereich hin.

3.
SCHNELL ANSTEIGENDER SCHWUNGBOGEN

Verlauf: Der Schwungbogen steigt sehr schnell an und wird dann flacher werdend nach vorne geführt.

Ursache: zu flacher Huf. Das Pferd belastet aus unterschiedlichen Gründen die hintere Hufhälfte mehr, wodurch ein Flachhuf entsteht.

Das zeigt dir der Huf: alle Merkmale eines Flachhufes.

4.
LANGSAM ANSTEIGENDER SCHWUNGBOGEN

Verlauf: Der Schwungbogen steigt langsam und flach an, erreicht dann seinen höchsten Punkt und wird dann steil nach unten geführt.

Ursache: zu steiler Huf. Das Pferd belastet aus unterschiedlichen Gründen die vordere Hufhälfte mehr, wodurch ein Steilhuf entsteht. Gerade wenn ein Huf aufgrund einer Lahmheit nicht länger belastet wurde, kann er steiler und insgesamt enger werden.

Das zeigt dir der Huf: alle Merkmale eines steilen Hufes.

Auch in der freien Bewegung kannst du Gangbilder erkennen. Viele Pferderassen zeigen typische Bewegungsmuster.

LAHMHEITEN BEIM PFERD ERKENNEN

Für die menschliche Wahrnehmung ist es nicht einfach, eine komplette Ganganalyse am Pferd durchzuführen. Zum Teil braucht man dazu jahrelange Erfahrung. Mit ein paar Tipps möchten wir dir einen leichten Einstieg ermöglichen. So kannst du Lahmheiten bei deinem Pferd erkennen. Idealerweise lässt du dir das Pferd im Schritt auf einem geraden, ebenen und festen Untergrund vorführen. Lahmheiten kannst du vermuten, wenn ...

— ... die Schrittlänge einer oder mehrerer Gliedmaßen verkürzt ist.
— ... die Schritthöhe einer oder mehrerer Gliedmaßen reduziert ist.
— ... der Gang stockend, steif und damit nicht flüssig wirkt.
— ... Kopfnicken auftritt, vor allem bei stärkeren Lahmheiten.
— ... eine ungleiche Bewegung in der Kruppe zu sehen ist.
— ... das Pferd zuerst deutlich auf der Zehe oder der Trachte auffußt.
— ... das Pferd einen oder mehrere Hufe schleifen lässt, sodass sich die Zehen der Hufe ablaufen.
— ... das Pferd in einer Wendung anfängt stockend zu gehen und dabei kürzer tritt.
— ... jeder Huf anders aussieht.

DIE GLIEDMASSE IM FOKUS

Der Huf wächst ständig. Es wird neues Horn gebildet und das Horn kann seine Struktur ändern. Dadurch ist es dem Huf möglich, immer in der besten Form für die aktuellen Lebensverhältnisse zu sein. Du hast gesehen, dass die Gliedmaßenstellung ein wichtiger „Formgeber“ für den Huf ist. Am Beispiel der Vorhand möchten wir dir exemplarisch zeigen, wie spannend und facettenreich das Zusammenwirken von Huf und Gliedmaße sein kann und welche weitreichenden Rückschlüsse du für dein Pferd ziehen kannst.

Wenn du dir die Vorhand deines stehenden Pferdes von der Seite anschaust, hast du eine recht gerade Gliedmaße vor dir. Vom Ellbogengelenk bis zum Fesselgelenk verläuft die Vorhand in einer senkrecht stehenden Linie zum Boden. Das muss auch so sein, denn schließlich soll die Vorhand einen großen Teil des Pferdegewichts tragen und das geht am besten mit einer säulenförmigen Gliedmaße. Nehmen wir mal an, dass die Länge der Vorhand vom Ellbogengelenk bis zum Fesselgelenk einen Meter betragen würde, dann ist das bei einem gerade über der Gliedmaße stehenden Pferd auch ein Meter Abstand zum Boden. Nun macht das Pferd aber einen Schritt nach vorne und landet im Moment des erneuten Bodenkontakts mit der Trachte wieder auf dem Boden. Genau in diesem Moment ist der Ellbogen-Fesselgelenk-Meter nun nicht mehr senkrecht zum Boden gerichtet, sondern er steht schräg. Deshalb beträgt der tatsächliche Abstand zum Boden nun auch nicht mehr einen Meter, sondern weniger, weil diese gedachte Ein-Meter-Strecke schräg steht. Im nächsten Moment zieht sich das Pferd in der Bewegung wieder gerade auf die Vorhand, der Ellbogen-Fesselgelenk-Meter richtet sich dabei senkrecht auf und der Bodenabstand beträgt in der Senkrechten nun wieder einen Meter.

Tipp

Probiere es aus: Halte einen Kugelschreiber senkrecht stehend zwischen deinen Handflächen. Steht der Kugelschreiber senkrecht, ist der Abstand zwischen deinen Handflächen am größten. Stellst du den Kugelschreiber schräg, nähern sich deine Handflächen an.

WIE GEHT DAS PFERD MIT DER LÄNGENVERÄNDERUNG UM?

Das Pferd kann die „Mehrlänge“ bei einer senkrecht stehenden Vorhand durch eine Änderung der Gelenkwinkel vom Ellbogengelenk, Schultergelenk und einer Lageveränderung des Schulterblattes ausgleichen – also am oberen Ende der langen Strecke. Zusätzlich kann die „Mehrlänge“ am unteren Ende der Strecke verarbeitet werden, indem das Fesselgelenk nach unten in Richtung Boden absinkt.

Wenn du dein Pferd von der Seite im Schritt anschaust, kannst du dieses Absinken des Fesselgelenks, bei senkrechter Belastung durch die Gliedmaße, gut erkennen.

Wenn nun das Fesselgelenk Richtung Boden absinkt, bringt es Druck auf den Huf. Der Huf muss sich öffnen, um den Druck auszugleichen. Das tut er auch, denn der Strahl ist eine elastische Struktur, die es dem Huf ermöglicht, sich im hinteren Bereich bei Belastung zu erweitern, um sich dann bei Entlastung automatisch wieder zu verengen. Das ist der Hufmechanismus, nach der sogenannten Erweiterungstheorie.

Das führt uns zu der Frage, wer die treibende Kraft des Hufmechanismus ist. Wer öffnet den Huf bei Belastung im hinteren Bereich? Der Hufstrahl lässt es zu, er ist aber nicht die treibende Kraft. Für das „Auseinanderdrücken“ braucht das Pferd eine feste Struktur, nämlich einen Knochen – das Kronbein. Das Kronbein liegt zum kleinen Teil in der Hornkapsel, zum großen Teil aber über der Hornkapsel. Das Kronbein gibt den Druck, der von oben kommt, in Richtung Hufbein weiter und sorgt so für das Öffnen des Hufes im hinteren Bereich bei Belastung der Gliedmaße. Kronbein und Hufbein haben bei diesem Prozess aber auch Gegenspieler. So erhöht sich beim Einsinken und der verstärkten Gewichtsaufnahme die Spannung in Sehnen und Fesselträger, was dem Einsinken und Öffnen des Hufbein-Kronbein-Komplexes entgegenwirkt. Das ist aber nicht der einzige Gegenspieler. Auch der Huf verfügt über eine eigene Struktur, die als Gegenspieler für ein „ungebremstes Einsinken“ des Kronbeines in die Hornkapsel gesehen werden kann und das sind die Eckstreben. Sie bilden im hinteren Bereich lasttragende Strukturen, die sich als zwei leistenartige Schienen in das Innere des Hufes erheben. Auf diesen Schienen kann sich das Hufbein bei der Lastaufnahme schlittenartig hin- und herbewegen. Diese Schienen bieten dem einsinkenden Hufbein-Kronbein-Komplex gleichzeitig ein Widerlager bei Belastung.

Erstaunlicherweise erkennen alle, die sich mit Hufen und Hufbearbeitung beschäftigen, diese grundlegende

MERKE!

Der Hufmechanismus hat einen großen Einfluss auf die Hufform und die Strukturen der Hornkapsel.

Du siehst hier eine Hornkapsel von innen. Deutlich sind die beiden leistenartigen Erhebungen zu sehen. Sie sind ein Widerlager beim Belasten des Hufes durch die Knochenstruktur.

Bedeutung der Eckstreben. Die wissenschaftliche Datenbasis zur Funktion und der Frage, wie Eckstreben in diesem Gesamtzusammenhang am besten bearbeitet werden sollten, ist aber sehr dünn. Es finden sich viele verwirrende und zum Teil sogar widersprüchliche Aussagen und Empfehlungen.

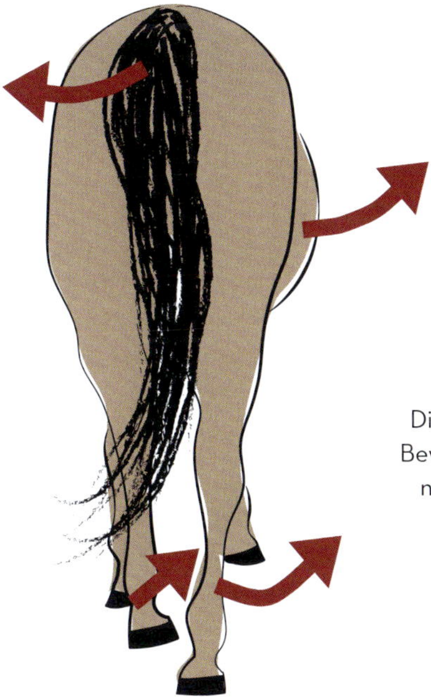

Die Pfeile zeigen die Bewegungsmuster der natürliche Schiefe.

DER PFERDEKÖRPER IM FOKUS

Das vorherige Beispiel hat dir gezeigt, wie eng Huf und Gliedmaße vernetzt sind. Diese enge Vernetzung endet nicht in der Gliedmaße, sie zieht sich bis hoch in den Rumpf. Auch der Rumpf hat einen großen Einfluss auf die Hufform und das hat viel damit zu tun, dass Pferde von Natur aus schief sind!

Die Hinterhand: die natürliche Schiefe

Ein Pferd in Bewegung trägt seinen Körper, den Kopf, Hals und Rumpf. Das Interessante daran ist, dass die Körpermasse dabei von zwei Gliedmaßenpaaren fortbewegt wird, die einen gewissen Abstand zueinander haben. Vor- und Hinterhand haben häufig einen Abstand von 1 bis 1,5 Meter zueinander. In der Bewegung pendelt der Rumpf zwischen der Vorhand hin und her. Das kannst du erkennen, wenn du dich hinter dein Pferd stellst und dieses nun von dir wegführen lässt.

Durch den recht großen Abstand zwischen Vorhand und Hinterhand kann es passieren, dass die Pendelbewegung des Rumpfes nicht genau gleichmäßig ist. Der Rumpf kann entweder mehr nach rechts oder mehr nach links pendeln. Die linke und rechte Körperhälfte des Pferdes sind nämlich ungleich. Auch beim Pferd sitzt der Blinddarm rechts. Hier wird mithilfe von Mikroorganismen die Nahrung über einen Zeitraum von 10 bis 48 Stunden verdaut. Dabei sammelt sich der Nahrungsbrei im Blinddarm an und bringt ein zusätzliches Gewicht von 20 bis 30 Kilogramm auf die rechte Seite des Pferdes. Die Pendelbewegung ist auf dieser Seite größer, da das Mehrgewicht den Bauch stärker nach außen zieht. Das Pferd wird dadurch anatomisch schief. Das wird auch „die natürliche Schiefe“ des Pferdes genannt.

Da sich nun rechts mehr Masse befindet, schwingt die rechte Körperhälfte in der Bewegung seitwärts auch etwas mehr nach außen. Die natürliche Schiefe kannst du im Gangbild des Pferdes erkennen.

Das Gangbild von hinten

Die folgenden Bilder zeigen dir Ausschnitte einer Ganganalyse. Du schaust dabei auf die Hinterhand und den Rumpf, während das Pferd von dir weggeführt wird. Wichtig ist, dass das Pferd auf einem ebenen Untergrund und gerade geführt wird. In einer solchen Situation kannst du das Gangbild der natürlichen Schiefe am besten erkennen. Probiere es aus!

1.

Der Bauch pendelt mehr nach rechts: Hier erkennst du im Seitenvergleich, dass die rechte Bauchhälfte deutlicher nach außen pendelt.

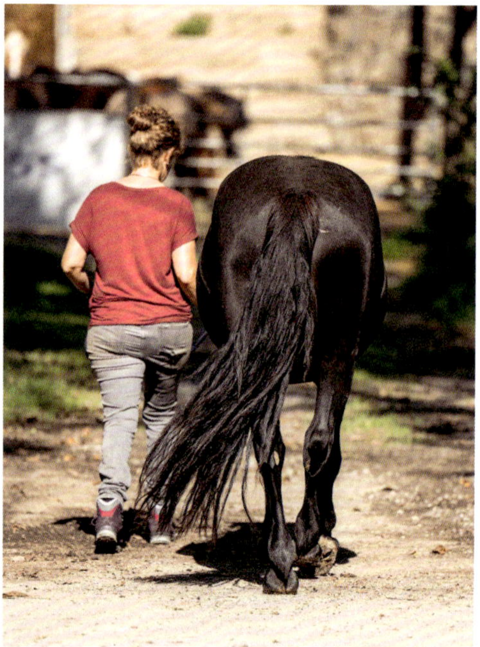

2.

Die Kruppe sinkt rechts mehr ab. Oft ist auch zu sehen, dass die Kruppe links höher geführt wird. Hier erkennst du im Seitenvergleich, dass die rechte Kruppe deutlich flacher absinkt.

3.
Der Schweif pendelt nach links – gut zu sehen an der Position der Schweifrübe. Hier erkennst du im Seitenvergleich, dass die Schweifrübe mehr nach links zeigt.

4.
Das rechte Sprunggelenk rotiert in der Bewegung mehr nach außen, weil die rechte Gliedmaße in einem Bogen um den nach außen pendelnden Bauch herumgeführt werden muss. Hier erkennst du im Seitenvergleich, dass das rechte Sprunggelenk mehr dreht und dadurch die rechte Hufsohle mehr nach außen gedreht erscheint.

5.
Das linke Röhrbein wird schiefer gestellt und weiter nach innen geführt, weil die linke Hinterhand durch das Ausweichen der rechten Hinterhand nach außen mehr unter den Körper gezogen wird. Hier erkennst du im Seitenvergleich, dass das linke Röhrbein schräger nach innen geführt wird und die linke Hufsohle nach außen verkippt ist.

DIE HUFFORM DER NATÜRLICHEN SCHIEFE

Die natürliche Schiefe hat auch einen direkten Einfluss auf die Form der Hinterhufe. Es lässt sich eine Tendenz zu bestimmten Hufformen erkennen, die auch als die Hufformen der natürlichen Schiefe bezeichnet werden können. Wie sehen diese Hufformen aus?

Hinten rechts: Der Bauch pendelt mehr nach rechts und ist damit „im Weg". Die Hinterhand umrundet beim Vorführen den Bauch und wird dann wieder nach innen geführt: Der Huf wird somit einseitig und in einer Rotation belastet. Es entsteht ein Diagonalhuf.

Hinten links: Um dabei keine Stabilität zu verlieren, wird die linke Hinterhand mehr nach innen geführt. Der Huf wird somit einseitiger belastet, was dazu führt, dass die Außenwand steiler und die Innenwand flacher wird. Es entsteht ein einseitig belasteter Huf, in diesem Fall ein halbweiter-halbenger Huf.

Sind diese Hufformen bei jedem Pferd erkennbar?

Nein! Aber die Wahrscheinlichkeit für diese Muster ist groß, denn es ist eine Tatsache, dass der Blinddarm bei jedem Pferd rechts liegt. Die natürliche Schiefe ist damit in jedem Pferd angelegt! Ob du sie im Gangbild und in den Hufformen auch erkennen kannst, hängt davon ab, wie stark andere Faktoren der natürlichen Schiefe entgegenwirken.

Faktoren, die der natürlichen Schiefe entgegenwirken, sind …

– … eine Gliedmaßenstellung, die die Führung der Gliedmaße stärker beeinflusst als das Pendeln des Bauches infolge der natürlichen Schiefe.

– … ein gutes Training deines Pferdes, bei dem du es „gerade richtest". Damit wirkst du der natürlichen Schiefe entgegen.

– … Erkrankungen, die dazu führen, dass das Pferd Gliedmaßen bewusst anders führt, um Schmerzen zu vermeiden.

KANN DIE NATÜRLICHE SCHIEFE VERSTÄRKT WERDEN?

Ja! Es gibt auch Faktoren, die die natürliche Schiefe verstärken. Dazu gehören …

– … eine falsche Ernährung erhöht durch Fehlgärung den Umfang und das Gewicht des Blinddarms, wodurch die Unwucht verstärkt wird.

– … ein unpassendes Gebiss im Maul

MERKE!

Die Hufform der natürlichen Schiefe für den rechten Hinterhuf ist der Diagonalhuf und für den linken Hinterhuf der halbweite-halbenge Huf.

Verschiedene Faktoren können der natürlichen Schiefe entgegenwirken, sodass du sie am Huf schwerer erkennen kannst.

Wird die natürliche Schiefe verstärkt, werden die Hufe der Hinterhand noch stärker diagonal oder einseitig belastet. Hierdurch können Erkrankungen im Huf und in der Gliedmaße begünstigt werden.

Als Ursache der natürlichen Schiefe werden auch andere Faktoren diskutiert. Die Lage des Blinddarms ist ein wichtiger Faktor, der als Ursache gesehen werden kann.

verspannt das Zungenbein und stört durch die verminderte Speichelbildung den Verdauungsprozess.

– ... fehlende Kontrolle und Korrektur der Zähne.

– ... ein schlechter Trainingszustand und ein unausgewogenes Reiten deines Pferdes.

DIE VORHAND: HÄNDIGKEIT UND SINNESWAHRNEHMUNG IM FOKUS

Die Art und Weise, wie Pferde ihre Vorhand nutzen, ist unterschiedlich, und wird durch verschiedene Faktoren beeinflusst. Daher sind Abweichungen in der Form der Vorderhufe durchaus normal. Es lassen sich folgende vier Einflussfaktoren beschreiben.

Einflussfaktor 1
Die Händigkeit des Pferdes (motorische Einseitigkeit)

Vielleicht hältst du dieses Buch gerade in deiner Hand und wahrscheinlich benutzt du deine rechte Hand dafür. Auch Pferde haben eine Händigkeit. Das Spannende daran ist, dass Wildpferde keine ausgeprägte Händigkeit zeigen. Sie sind zu etwa gleichen Teilen Rechts- oder Linkshänder. Nehmen wir Pferde aber in unsere Obhut, werden sie auf einmal stärker zu Linkshändern. Diese Tendenz wird mit zunehmendem Alter des Pferdes deutlicher.

Haltung und Fütterung haben einen großen Einfluss auf die Gesundheit und Leistungsfähigkeit der Hufe.

MERKE!

Du kannst diese Händigkeit zum Beispiel daran erkennen, welches Vorderbein Pferde beim Grasen verstärkt nach vorne stellen. Ist es das linke Vorderbein, dann ist dein Pferd Linkshänder.

Unter Stress und durch menschliches Training neigen Pferde zu einer verstärkten Linkshändigkeit!

Benutzt du deine Augen gleich? Wenn du etwas schärfer und deutlicher sehen willst, bevorzugst du in der Regel ein bestimmtes Auge!

Das Verdauungssystem des Pferdes ist sensibel. Eine wichtige Rolle spielt dabei der Blinddarm.

Einflussfaktor 2

Die sensorische Einseitigkeit

Am Kopf des Pferdes sind viele Sinnesorgane konzentriert. Nase, Augen und Ohren sind zwar anatomisch gleich verteilt, können aber vom Pferd unterschiedlich intensiv genutzt werden. Das Pferd benutzt oft die Sinnesorgane einer Seite mehr und verdreht dadurch etwas den Kopf. In der Folge verschiebt sich die Gewichtsbelastung der Vorderhufe.

Einflussfaktor 3

Die zerebrale Einseitigkeit

Die rechte Gehirnhälfte ist beim Pferd mehr emotional geprägt. Sie steuert die linke Vorhand. Pferde haben ein hohes Sicherheits- und Sozialbedürfnis. Emotionale Stabilität ist wichtig. Die Folge: Die linke Vorhand wird gerne stabilisierend benutzt und mehr belastet. Gleichzeitig ist die linke Gehirnhälfte beim Pferd mehr analytisch geprägt. Sie steuert die rechte Vorhand. Analytisch ist das Pferd z. B. beim Suchen des Weges.

Einflussfaktor 4

Die natürliche Schiefe

Auch die natürliche Schiefe wirkt sich auf die Hufform der Vorhand aus! Das Pferd tendiert durch die natürliche Schiefe dazu, die rechte Hinterhand in einem leichten Bogen nach außen zu führen. Damit ist der Schub, der nach vorne links gegeben werden kann, nicht so stark. Die Folge: Das Pferd muss mit der linken Vorhand mehr nach vorne ziehen.

MERKE!

Hufe sind von Natur aus nicht gleich. Es gibt viele Faktoren, die dazu führen, dass dein Pferd Vor- und Hinterhand unterschiedlich führt und belastet. Die Faktoren können sich gegenseitig verstärken oder auch neutralisieren. Ein gezieltes Training kann zu einer besseren Balance führen. Dies zeigt sich an gleichmäßigeren Hufformen.

1 Ideale Haltung: viel Bewegung auf unterschiedlichen Böden

2 Werden Pferde überwiegend in der Box gehalten, sind viele Probleme vorprogrammiert.

Das Fazit aus den vier Einflussfaktoren

Alle vier Faktoren führen zu einer stärkeren Nutzung und Belastung der linken Vorhand. Sie trägt mehr Last und kann sich wie folgt verändern:

– Da die linke Vorhand bevorzugt nach vorne gestellt wird, wird der Huf tendenziell flacher.

– Da die linke Vorhand mehr Last trägt und mehr belastet wird, wird der Huf tendenziell breiter, insofern er eine regelmäßige Form hat. Aber: Hat der linke Vorderhuf eine andere Hufform, ist er also einseitig belastet oder diagonal, dann verstärken sich diese Formen.

Dies ist nur tendenziell zu beobachten. Pferde können beispielsweise auch rechtshändig sein und somit andere Hufsituationen zeigen.

DER EINFLUSS DER HALTUNG

Die Art und Weise, wie du dein Pferd hältst, hat einen großen Einfluss auf seine Hufe. Durch die Haltung gibst du deinem Pferd bestimmte Möglichkeiten vor, sich zu bewegen. Ebenso gibst du ihm vor, auf welchen Böden es dabei läuft. Der Boden beeinflusst die Form des Hufes, insbesondere die Hornkapsel, und somit auch seine inneren Strukturen.

Ein gesunder Huf benötigt Bewegung

Auch wenn unsere Pferde keine Wildpferde mehr sind, haben sie immer noch ähnliche Bedürfnisse wie ihre Vorfahren. In der Natur sind Pferde 16 bis 18 Stunden mit Futtersuche beschäftigt und legen dabei kilometerlange Strecken zurück. Das bedeutet,

1

2

dass ihre Hufe nahezu ununterbrochen in Bewegung sind. Den natürlichen Bedürfnissen des Pferdes gerecht zu werden, ist also nicht immer einfach. Es gibt viele Gründe, die uns daran hindern können, unserem Pferd ein Optimum an Bewegung zu ermöglichen. So kann sich ein Pferd in einer Paddockbox, ohne zusätzlichen Weidegang, nur etwa 500 Meter am Tag bewegen. Ein Offenstall oder Aktivstall kann eine gute Alternative sein, da er mehr Bewegungsfreiheit bietet.

Die Entscheidung, welchen Lebensraum wir unserem Pferd zur Verfügung stellen, hängt immer von individuellen Umständen ab. Doch auch trotz begrenzter Möglichkeiten ist es wichtig, dass Wohl des Pferdes im Auge zu behalten und sicherzustellen, dass es dennoch genügend Bewegung, Pflege und Aufmerksamkeit erhält. Wenn wir dabei auf die Hufe schauen, dann sind diese umso gesünder und stabiler, je mehr sich das Pferd auf unterschiedlichen Böden bewegen kann.

MERKE!

Nehmen wir Pferde in unsere Obhut, ist es wichtig, dem Pferd die Fortbewegungsmöglichkeiten zu geben, die in der Natur typisch wären, also vor allem geradeaus. Ein langes Stehen und viele Bewegungen in engen Kreisen (z. B. in der Box) können dem Pferd und seinen Hufen Probleme bereiten.

Zwanghufe sind eine Hufform, die auf fehlende Bewegung und Abnutzung des Hufes hindeuten. Sie können auch durch falsche Hufbearbeitung entstehen.

Bewegungsfreiheit beim Fressen

Wildpferde entwickeln deshalb durch ihre Lebensweise gesunde und widerstandsfähige Hufe.

Fehlende Bewegungsimpulse

Stehen Pferde viel und bewegen sich nicht ausreichend auf geraden Strecken, wechselt die Belastung des Hufes hauptsächlich von rechts nach links. Dadurch fehlt ihm ein permanentes und abwechslungsreiches Bewegungsmuster. Während ein Pferd sich bewegt, setzt es zuerst den hinteren Hufbereich auf, dann folgt der gesamte Huf und schließlich drückt es sich über den vorderen Hufbereich ab. In der Box ist dieses natürliche Bewegungsmuster eingeschränkt und anders als ursprünglich für das Pferd vorgesehen.

Ist das Pferd wenig aktiv, wird der hintere Hufbereich weniger stimuliert. Dieser Bereich enthält wichtige Sensoren, die für die Entwicklung und Stärkung des Knorpel- und Weichteilgewebes im Huf verantwortlich sind. Diese Sensoren ertasten den Untergrund und leiten die Informationen an das Gehirn weiter. Wird dieser

Hufabdruck auf weichem Boden

Bereich weniger genutzt, bildet er sich zurück und kann zu Verformungen im Huf führen.
In der Folge kann auch der Huf seine Form verändern und es können z. B. Zwanghufe entstehen. Der Huf wird im hinteren Teil deutlich enger, der Strahl ist nicht mehr so breit und kräftig ausgebildet, sondern wirkt wie ein schmaler Strich. Er hat möglicherweise auch keinen Bodenkontakt mehr und kann somit seine Aufgaben nicht mehr erfüllen. Damit verstärkt sich das Problem noch weiter.

MERKE!

Gute Böden, auf denen der Huf einsinken kann, können beispielsweise aus runden Kieselsteinen in Körnungen zwischen 2 und 8 Millimetern oder 8 und 16 Millimetern bestehen. Diese Böden sind äußerst vorteilhaft für die Hufgesundheit deines Pferdes. Die Sohle, der Strahl und die Eckstreben werden durch die Kieselsteine sanft stimuliert, gestärkt und gefestigt. Sie können die Nachteile der nächtlichen Stehzeit in der Box etwas ausgleichen.

Verschiedene Bodentypen

Die Bodenbeschaffenheit spielt ebenfalls eine entscheidende Rolle. Es lassen sich zwei Bodentypen unterscheiden.

Böden mit fester und stabiler Oberfläche: Beton oder Pflastersteine bieten dem Huf keine Möglichkeit einzusinken. Auf einem solchen Boden erfährt der Huf einen festen Widerstand. Der Huf hat einen erhöhten Abrieb. Deshalb entwickelt er kaum einen Tragrandüberstand, sodass der Strahl verstärkt direkten Bodenkontakt bekommt.

Böden mit weicher und flexibler Oberfläche: Auf Wiesen, Sand oder Kies kann das Pferd bei Belastung mit seinem Huf einsinken. Auf einem solchen Boden erfährt der Huf weniger Widerstand. Der Huf hat weniger Abrieb und entwickelt deshalb einen leichten Wandüberstand. Ist dieser zu groß und der Huf eher breit und flach, kann der Tragrand auch verstärkt ausbrechen. Der Strahl hat erst bei Belastung tatsächlichen Bodenkontakt.
Sehr scharfkantiger Sand kann den Hornabrieb auch erhöhen.

FOKUS HUFWAND

Haltung, Bewegung oder auch Ernährung. Viele Faktoren können die Form und das Aussehen der Hufwand beeinflussen.

LEVEL 9

Die Hufwand aus der Balance

Nun weißt du, wie der Huf geformt wird. Aber wann ist eine Hufsituation bedenklich für dein Pferd? Damit du das besser einschätzen kannst, schauen wir uns die Hufwand genauer an. Sie reagiert besonders schnell auf ungünstige Belastungen.

DIE NORMALE HUFWAND

Hat eine Hufwand eine leichte Neigung nach außen, kann sie formgebend und stabilisierend sein.

DIE ZU FLACHE HUFWAND

Hufwände können auch zu flach werden. An diesen Merkmalen kannst du erkennen, dass ein flacher Wandbereich des Hufes zu flach ist und durch eine Hufbearbeitung korrigiert werden muss:

– Die flache Wand ist ausgeprägt und zeigt einen deutlichen Zehenabweiser.
– Sie „verkippt“ das Hufgewicht auf direkt gegenüberliegende oder diagonal gegenüberliegende Wandbereiche und überlastet diese.
– Die Hufwand zeigt Risse, Spalten und weggebrochene Wandbereiche.

Die normale Hufwand: Eine nach außen gerichtete Hufwand unterstützt den Hufmechanismus und die Gesundheit des Pferdes.

Zu flache Hufwand mit Rissen und ausgebrochenen Wandbereichen

– Die Hufballen sind gegeneinander verschoben und infolgedessen ist der Bereich der mittleren Strahlfurche eingerissen, wodurch es dort zu Fäulnisprozessen kommen kann.

– Das Pferd bewegt sich nicht flüssig.

Das Ziel der Bearbeitung einer zu flachen Wand ist es nicht, diesen Huf zwanghaft in eine regelmäßige Form zu bringen. Das Ziel ist der für dein Pferd passende Huf! Das kann auch bedeuten, dass flache Waldbereiche zwar korrigiert werden müssen, in einer gewissen Form aber auch erhalten bleiben.

Flach ist nicht gleich flach

Ein flacher Wandbereich zeigt dir an, dass an dieser Stelle weniger Last auf dem Huf liegt und der Abrieb reduziert ist. Deshalb liegt in diesem Bereich auch ein Schwerpunkt bei der Hufbearbeitung. Schaust du am aufgehobenen Huf auf den Tragrand, findest du hier auch den Zehenabweiser. Diese flache Wand ist ein langer Hebel für dein Pferd, der seine Bewegung stört.

Aber: Es gibt auch Wandbereiche, die flach sind und trotzdem anzeigen, dass hier zu viel Last auf der Hufwand liegt. Wie lässt sich das erklären?

Probiere es aus: Stelle deinen Zeigefinger senkrecht von oben auf eine feste Oberfläche. Übe dann mit deiner Hand von oben kommend Druck auf diesen Finger aus. Deine Fingerspitze biegt sich unter diesem Druck nach außen.

Stabilisierende, bodennahe flache Wand an einer überlasteten steilen Hufwand

MERKE!

Bei Bockhufen kann sich auch im Zehenbereich eine stabilisierende, flache Wand bilden.

Auf den Huf übertragen bedeutet das: Wenn ein Pferd auf einen Wandbereich zu viel Gewicht bringt, kann sich der untere Abschnitt der Wand nach außen biegen, sodass sich bodennah ein flacher Wandbereich oder Hebel bildet. Dieser Wandbereich stabilisiert die von oben kommende Überlastung. Diesen Hebel braucht das Pferd! Würde er bei der Hufbearbeitung entfernt werden, würde dem Pferd hier die stützende Funktion fehlen. Eine spezielle Bearbeitung ist erforderlich. Stabilisierende, flache Wandbereiche kannst du daran erkennen, dass der flache Wandbereich innerhalb der Hufläche liegt, die der Kronrand von oben vorgibt.
Ein Beispiel: Kaltbluthufe haben oft eine besondere Form, die herzförmig aussieht. Herzförmig bedeutet, dass sich die Hufwand vor den Trachten flach nach außen biegt. Da Kaltblutpferde viel Gewicht auf den hinteren Hufabschnitt bringen, wird dieser Bereich gerne überlastet. Diese seitlich flachen Wandbereiche sind stabilisierend.

DIE ZU STEILE HUFWAND

Der Huf kann eine Ungleichbelastung durch Verformung ausgleichen. Werden die belastenden Kräfte aber zu groß, erreicht die Ausgleichsfähigkeit der Hornkapsel ihre Grenzen. Unter einer Überlastung werden Hufwände zu steil oder können sogar kollabieren (sich nach innen verbiegen). Kollabierte Wandbereiche sind in ihrem Winkel nicht mehr nach außen orientiert. Die Hufwand wird „negativ", d. h., sie verkippt nach innen in Richtung Huf. Überlastete Hufwände verändern ihre Form und Position.

Die sehr steile Hufwand

Ist die Hufwand senkrecht Richtung Boden orientiert, verliert sie viel von ihren biomechanischen Fähigkeiten.

Die steile, senkrechte Hufwand: Bei einer steilen Wand läuft die Hornwand fast senkrecht vom Kronrand zum Boden.

Bei zu steilen Hufwänden kann sich der Huf bei Belastung nur noch eingeschränkt erweitern. Dies kann zu einer Überlastung der Knochenstruktur und des Hufknorpels führen.

Die negative Hufwand

Ist eine Hufwand überlastet, wird sie nicht nur steiler, sie kann sich sogar nach innen in Richtung Hufmitte und Strahl verbiegen. In dieser Form verliert sie ihre stabilisierende Eigenschaft.

Die negative Hufwand: Bei einer negativen Wand verläuft die Hornwand vom Kronrand nicht stabilisierend nach außen, sondern nach innen.

BEURTEILUNG DER HUFWANDSITUATION

Steile und negative Hufwandsituationen können nach Schwere und Bedeutung wie folgt eingeteilt werden.

Die flache Hufwand

Die normale Hufwand trägt das Gewicht und ist leicht nach außen orientiert – gut für Biomechanik, Stabilität und Gesundheit. Bedenklich sind allerdings Hufe, bei denen eine oder sogar beide Hufwände zu flach sind.

Die steile, senkrechte Hufwand

Die sehr steile Hufwand trägt das Gewicht senkrecht. Dies vermindert die Biomechanik des Hufes. Auch wenn der Huf noch stabil ist, ist diese Situation gesundheitlich bedenklich.

1

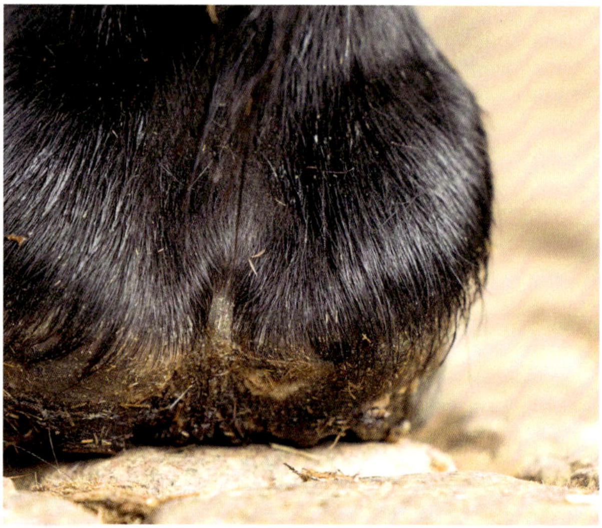

Die negative Hufwand

Die negative, nach innen verbogene Hufwand kann keine Last mehr tragen – sie hat kaum noch biomechanische Funktion, keine stabilisierende Eigenschaft mehr. Das ist gesundheitsschädlich.

Untergeschobene Trachten

Eine häufig anzutreffende „Sonderform" einer überlasteten Hufwand sind die untergeschobenen Trachten. Von außen betrachtet, sieht es so aus, als ob sich die Trachte nicht nur nach innen in Richtung Hufmitte, sondern auch nach vorne in Richtung Zehe unter den Huf schiebt. Sie ist daran zu erkennen, dass der Winkel der vorderen Zehenwand steiler ist als der Winkel der Trachtenwand, die oft in einer zunehmend flacheren Kurve Richtung Boden zieht.

MERKE!

Einseitig steile oder kollabierte Hufwände haben oft anatomische Ursachen. Das Pferd belastet einen Hufabschnitt sehr einseitig. Auch bei vernachlässigten Hufen oder bei zu langen Bearbeitungsintervallen, können Bereiche der Hufwand überlasten. Flache Wandbereiche übertragen eine zusätzliche Last auf die gegenüberliegenden Wandbereiche. Durch eine solche Überlastung können insbesondere Trachtenwände kollabieren oder sich nach innen verbiegen.

Untergeschobene Trachten haben ihre Ursache in zu langen und flachen Hufwänden. Schieben sich beide Trachtenwände unter, ist die Zehe auf der kompletten Breite zu flach. Schiebt sich nur eine Trachtenwand unter, ist die Ursache der diagonal gegenüberliegende, zu flache Zehenbereich eines Diagonalhufes oder eine Überlastung durch einen einseitig belasteten Huf. Die Ursachen für eine zu lange Zehe können anatomisch oder durch Erkrankungen bedingt sein. Infrage kommt auch eine unzureichende Hufbearbeitung.

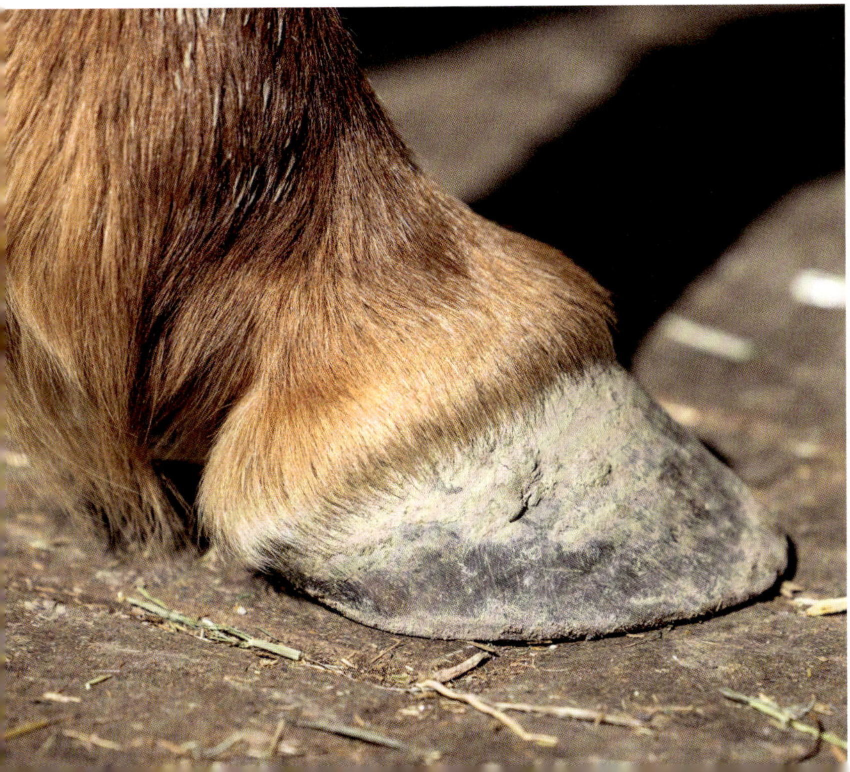

2

1 Untergeschobene Trachtenwand

2 Untergeschobene Trachtenwand von der Seite

DER ZWANGHUF ODER TRACHTENZWANGHUF

Einen Zwanghuf oder Trachtenzwanghuf erkennst du an sehr hohen Trachtenwänden. Sie sind sehr steil und können sich auch nach innen in Richtung Hufmitte neigen. Die hintere Hufhälfte ist sehr eng. Dadurch ist der Huf im Bereich des Kronrands oft breiter als im Bereich des Tragrands. Der Strahl sitzt beim Zwanghuf tief unten in der Sohle und ist zurückgebildet. Seine Form ist nicht mehr keilförmig, sondern sie wirkt wie ein schmales Band. Bei Druck auf den Strahl kann das Pferd empfindlich reagieren. Ursachen für Zwanghufe sind oft mangelhafte Hufbearbeitung, zu lange Bearbeitungsintervalle und zu wenig Bewegungsmöglichkeiten für das Pferd. Zwanghufe können dir auch einen Hinweis auf beginnende oder bestehende Erkrankungen im hinteren Hufbereich geben.

Zwanghuf

DER BOCKHUF

Bockhufe haben sehr steile Zehenwände mit einem Hufwinkel von über 60 Grad oder mehr. Sehr häufig sind sie erworben, d. h., bei der Aufzucht und Haltung des jungen Pferdes ist etwas schiefgegangen. Bockhufe zeigen viele Symptome eines steilen Hufes oder eines Zwanghufes. Die Ursache liegt aber in anatomischen

MERKE!

Um die Situation für das Pferd zu verbessern, müssen die verbliebenen Möglichkeiten mit dem Tierarzt und/oder dem Therapeuten geklärt werden. Mit zunehmendem Alter des Pferdes wird die Korrektur eines Bockhufes immer schwieriger.

Wenn du Veränderungen an einer Hufwand lesen und verstehen kannst, kannst du dasselbe Wissen anwenden, um Veränderungen an einer Eckstrebe zu lesen und zu verstehen. „Denke einfach um die Ecke!“

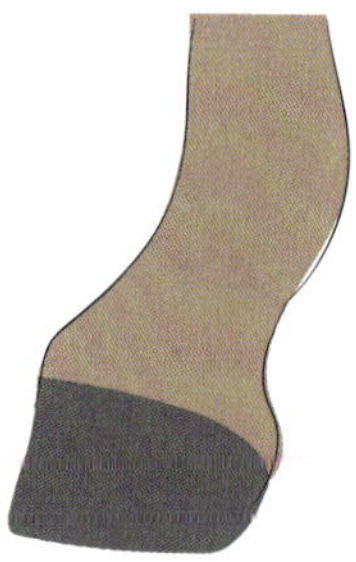

Bockhuf

Enge Huf haben oft steile, aufrecht stehende Eckstreben.

Problemen, die beim jungen Pferd nicht rechtzeitig erkannt und korrigiert wurden. Sie können auch angeboren sein oder durch falsche Hufbearbeitung entstehen.

SCHIEFE UND SCHLECHTE ECKSTREBEN

An der Trachte klappt die Hornwand nach innen in Richtung Strahl und bildet so die Eckstreben. Du erkennst die Eckstreben als leistenartige Struktur, links und rechts neben dem Strahl. Die Eckstreben sind Teil der Hufwand, deshalb kannst du viel an ihnen ablesen. Viele Merkmale, die für eine schlechte Situation der Hufwand stehen, kannst du auf die Eckstreben übertragen. Es gibt folgende Gemeinsamkeiten zwischen Hufwand und Eckstreben:

GEMEINSAMKEITEN HUFWAND UND ECKSTREBEN

Auswirkung	Hufwand	Eckstreben
Entlastet	Flache Hufwand, knickt nach außen.	Flache Eckstrebenwand, knickt nach außen (außen ist hier: vom Strahl in Richtung Tragrand).
Belastet	Steile Hufwand	Steile Eckstrebenwand
Risse und Spalten	Hinweise für Überlastung und mangelhafte Pflege.	Hinweise auf Überlastung und mangelhafte Pflege.

Warum zeigen Eckstreben die gleichen Merkmale wie die Hufwand?

Die Hufwand und die Eckstrebenwand stehen von Natur aus in einem bestimmten Winkelverhältnis zueinander.

Es gilt: Je flacher die Außenwand eines Hufes ist, desto flacher liegt auch die Eckstrebe in einer flach gewölbten Sohle. Eine flach liegende Eckstrebe wird sich durch den Gegendruck des Untergrunds schneller in die Sohle umlegen und dabei Risse und Spalten entwickeln.

Je steiler die Außenwand eines Hufes ist, desto steiler steht auch die Eckstrebe in einer stärker gewölbten Sohle. Eine steiler stehende Eckstrebe kann dem Gegendruck des Untergrunds besser Stand halten. Sie wird weniger schnell in die Sohle umgelegt und entwickelt daher weniger Risse und Spalten.

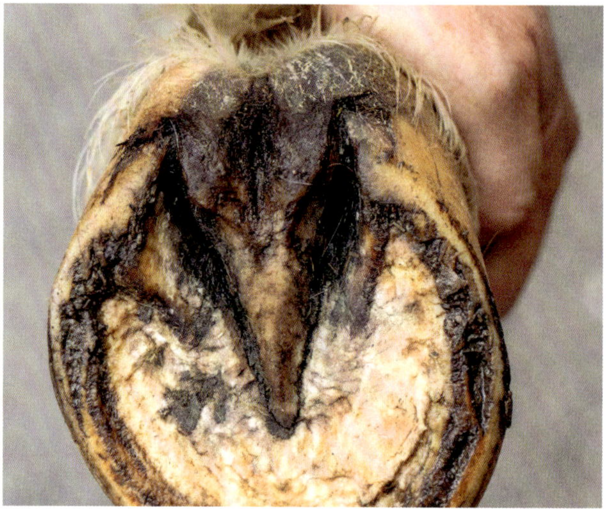

Auch Eckstreben kann man lesen. Das Lesen der Form und Struktur entspricht den Regeln, mit denen du auch die Hufwand von außen beurteilst. Hier gut zu erkennen: An der flachen Trachtenwand (links) ist die Eckstrebenwand auch flacher. An der steilen Trachtenwand (rechts) ist die Eckstrebe auch steiler.

Warum hat die Natur das so eingerichtet?

Wenn eine Hufwand zu flach und zu lang ist, ist sie bewegungsstörend. Für die natürliche Hufbalance wäre es also besser, wenn auf die flache Hufwand mehr Gewicht aufgetragen werden könnte, damit sie steiler wird.

Das Gewicht wird über Kronbein und Hufbein auf die Hornkapsel aufgetragen. Das Kronbein öffnet bei Belastung den Huf durch sein Einsinken in die Hornkapsel. In Verbindung mit dem Hufbein gleitet es dabei wie ein Schlitten auf einer Hornleiste im Inneren des Hufes. Diese Hornleiste wiederum wird von den Eckstreben gebildet.

Flache Hufwand und flache Eckstrebe

Eine flach orientierte Eckstrebe legt sich über den Bodengegendruck schneller in die Sohle um. Das schwächt die innere Hornleiste und ist somit ein schwächeres Widerlager für Hufbein und Kronbein. In der Folge können Hufbein und Kronbein mehr Druck auf diesen Hufbereich ausüben. Dies führt dazu, dass die flache Hufwand mehr Last aufnimmt und so den Impuls bekommt, steiler zu werden, wodurch mehr Balance im Huf entsteht.

Steile Hufwand und steile Eckstrebe

Hier drehen sich die Verhältnisse um. Ein Hufbereich mit einer steilen Hufwand hat auch einen stärker gewölbten Sohlenbereich. Daher steht die Eckstrebe automatisch steiler nach oben. Da sie steiler ist, ist sie auch ein stärkeres Widerlager für Hufbein und Kronbein. In der Folge können Hufbein und Kronbein weniger Druck auf diesen Hufbereich ausüben. Das führt dazu, dass die steile Hufwand weniger Last aufnimmt und so den Impuls bekommt, flacher zu werden, wodurch mehr Balance im Huf entsteht. Es könnte auch so formuliert werden: Eine steile Eckstrebe „ermutigt“ die Knochenstruktur, mehr Last auf die flachen Wandbereiche des Hufes aufzubringen.

ABWEICHUNGEN FESSELSTAND

Beim Blick auf den Huf von der Seite kannst du sehr gut sehen, wie das von oben wirkende Gewicht den Huf belastet. Zu flache und zu steile Hufe sind nicht nur für den Huf eine schlechte Situation, sondern können auch zu Überlastungen und Erkrankungen an Knochen, Gelenken, Sehnen und Muskeln führen.

Passender, seitlicher Fesselstand

Verlaufen Zehen- und Trachtenwand mit der Knochenlinie parallel, dann hat der Huf einen passenden, seitlichen Fesselstand.

MERKE!

Eckstreben sollten bei der Hufbearbeitung nicht willkürlich entfernt werden. Es ist wichtig, die Struktur der Eckstreben zu lesen, um durch eine gezielte Bearbeitung mehr Balance für den Huf zu erreichen. Auch steile und stützende Eckstreben müssen bearbeitet werden.

Passender Fesselstand

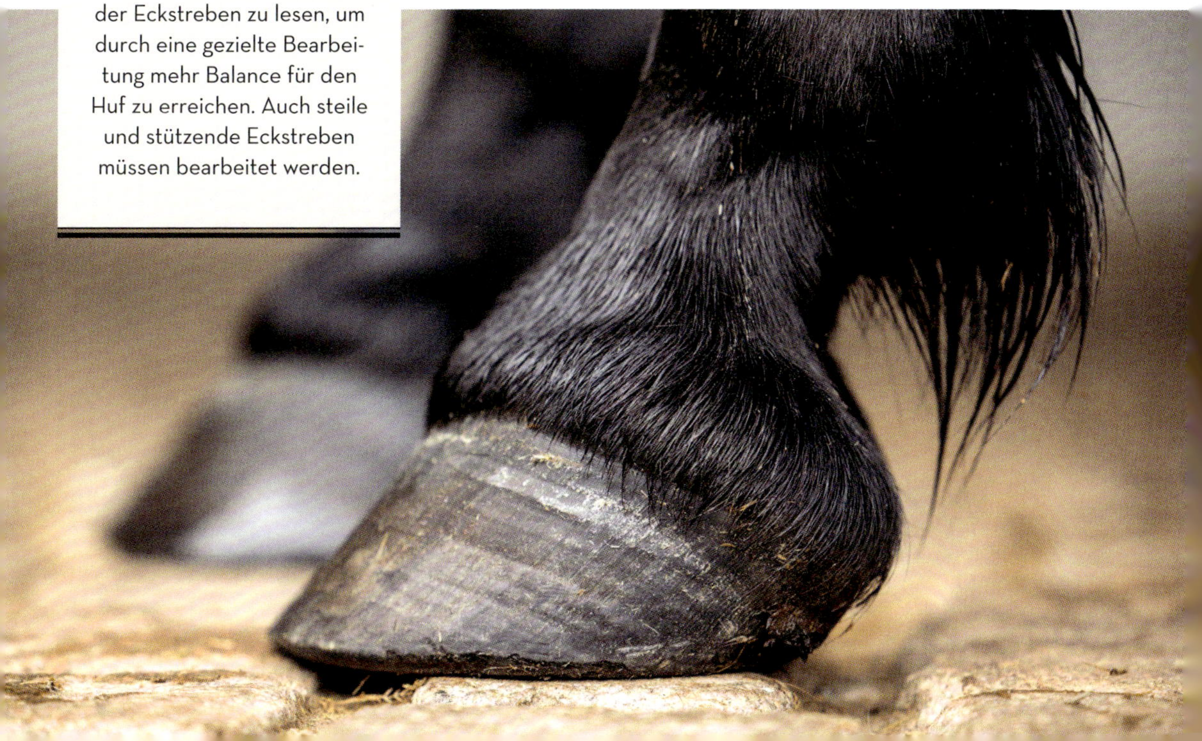

Der zu flache Huf:
Du erkennst diese Hufform an der langen Zehe. Die lange Zehe bringt zu viel Last auf die Trachten, die sich unter den Huf schieben.

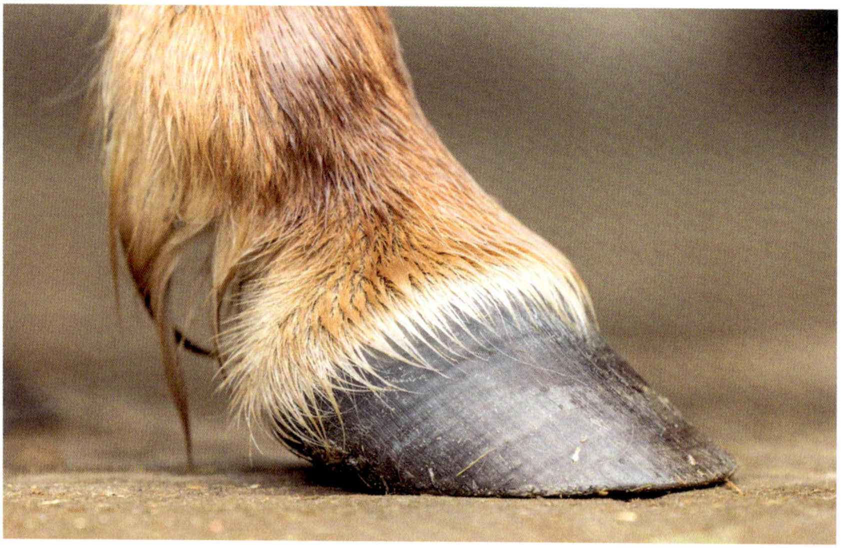

Du weißt dann: Der Huf ist ideal belastet. Die Knochenstruktur ist in der Längsachse des Pferdes (von Kopf Richtung Kruppe) gleichmäßig belastet. Die Gelenke sind optimal gewinkelt. Sehnen und Muskeln können optimal arbeiten.

Zu flacher Fesselstand

Hat der Huf eine lange Zehenwand und kurze Trachten, die sich oft unterschieben, ist der Huf zu flach.
Du weißt dann: Die Zehe ist sehr lang, es können Zehenspalten entstehen. Die Weiße Linie ist verbreitet, die Sohle wenig gewölbt, mit eventuellen Einblutungen. Der Hufstrahl ist verbreitet und überlastet, die Trachten sind kurz und schieben sich unter. Die Winkelung in den Zehengelenken stimmt nicht mehr und die vorderen Knochenbereiche werden stärker belastet. Die Muskeln und Beugesehnen der Gliedmaße sind überlastet. Die Sehnen können dick und schwammig werden oder schmerzhaft, warm und entzündet sein.

Zu steiler Fesselstand

Hat der Huf eine kurze Zehenwand und hohe Trachten, ist der Huf zu steil.
Du weißt dann: Die Trachten sind zu hoch, der Strahl hat keine Möglichkeit im Moment des Öffnens der Hornkapsel Bodengegendruck zu erfahren. Er verkümmert und kann

Der zu steile Huf: Du erkennst diese Hufform an der steilen vorderen Zehenwand. Zudem sind auch die Trachten steil und hoch ausgebildet.

Fäulnis bilden. Die Winkelung der Gelenke stimmt nicht mehr. Beim Auffußen gelangen vermehrt Erschütterungen in die Gelenke. Die Muskulatur muss mehr arbeiten.

RISSE UND SPALTEN IN DER HUFWAND

Risse und Spalten im Huf haben verschiedene Ursachen, die nicht immer gleich erkennbar sind. Entstehungsfaktoren für Hornspalten sind zu hohe Spannungsverhältnisse in der Hornwand, die den Zusammenhalt des Hornmaterials überschreiten. Hornspalten können aber auch das Ergebnis von Verletzungen sein, die sich das Pferd im Kronrandbereich zugezogen hat. Folgende Faktoren kommen als Ursache infrage:

Pferderasse: Es gibt Pferderassen, die von Natur aus über ein stabiles Horn verfügen. Bei solchen Pferden ist die Wahrscheinlichkeit von Hornproblemen deutlich geringer. Andere Pferderassen haben aufgrund ihrer Herkunft ein weicheres, flexibleres Horn, welches in menschlicher Obhut verstärkt Spalten und Risse ausbilden kann.

Körperbau: Die Anatomie des Pferdes hat ebenfalls einen Einfluss auf die Entstehung von Hornspalten und Rissen. Führt unsere Zucht zu Körperformen oder Gliedmaßenstellungen, die die Hornkaspel ungleich belasten, kann das zusätzlich Probleme verursachen.

Haltung: Je besser die Hornstruktur durch gute Pflege, Haltung, Fütterung und Bewegung ist, desto geringer ist die Wahrscheinlichkeit von Schäden in der Hornwand. Diese Faktoren kannst du also im täglichen Management positiv beeinflussen!

Hufbearbeitung: Mangelhafte Hufbearbeitung oder zu lange Bearbeitungsintervalle sind weitere Ursachen für das Entstehen von Hornproblemen. Eine fehlende Bearbeitung des Hufes kann zu Rissen und Spalten führen. Ein typischer Fall ist der Zehenspalt aufgrund zu flacher Hufe. Hornspalte oder Hornrisse sind die augenscheinlich deutlichsten Warnsignale für eine schlechte Hufsituation. Ihr Verschwinden zeigt dir aber auch, dass sich die Hufsituation deines Pferdes verbessert hat! Sie sind einfach zu lesende Merkmale am Huf. Lage und Ausprägung geben Hinweise auf ihre Ursache und wie sie beseitigt werden können.

1

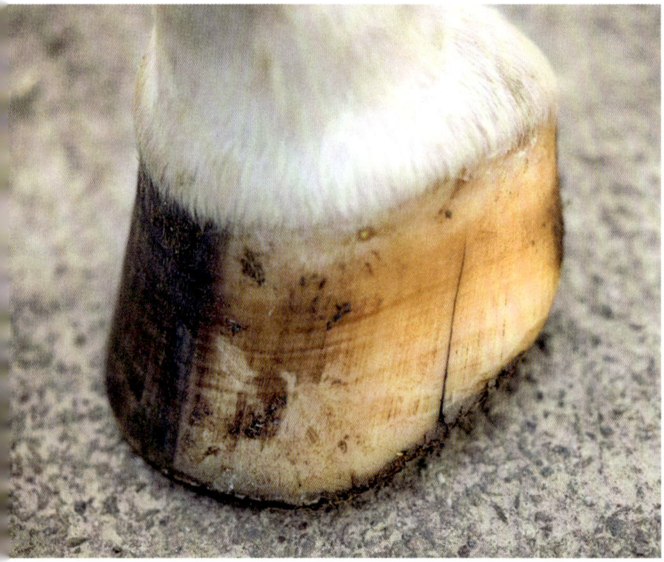

1 Spalten und Risse treten am Huf an unterschiedlichen Stellen und in unterschiedlichen Stärken auf.

2 Windrisse unterschiedlicher Höhe sind als feine Linien erkennbar. Der mittlere, höher laufende Riss kann auch schon ein Hinweis auf einen leichten Hornspalt sein.

MERKE!

Ein Spalt ist nur ein Symptom! Um einen Hornspalt zu beseitigen, muss die Ursache, die zum Hornspalt geführt hat, abgestellt werden. Tritt er nach einer Hufbearbeitung erneut auf, ist die Ursache nicht beseitigt worden!

Windrisse

Ein Windriss ist weniger ein Spalt in der Hornwand, sondern eher eine oberflächliche Linie.

Ursache: Windrisse sind unbedenklich und treten verstärkt in trockenen Jahreszeiten auf.

Zehenhornspalt

Der Zehenhornspalt sitzt mittig im Zehenbereich des Hufes. Er ist einer der am häufigsten auftretenden Hornspalten.

Ursache: Der Huf ist zu flach. Beim Abfußen kommt zu viel Druck auf die Zehenwand. Sie gibt nach und „entspannt sich“ durch die Bildung eines Spaltes/Risses. Möglich sind auch ausgeprägte seitlich flache und zu lange Hufwände als Ursache. Eine ungünstige Gliedmaßenstellung, fehlende Bewegung, fehlende Hygiene, zu weicher Untergrund oder eine unausgewogene Ernährung verstärken das Problem.

Ein Sonderfall ist der Zehenhornspalt, der „von oben“ kommt. Hier hat sich das Pferd in der Vergangenheit im Kronrandbereich bis in tiefere Gewebeschichten hinein verletzt und die Verletzungen sind nicht zeitnah versorgt worden. Der Bereich, in dem sich das neue Horn bildet, bleibt daher auch nach der Wundheilung geschädigt und es bildet sich ein schlechteres Horn. Oft ist eine feine

2

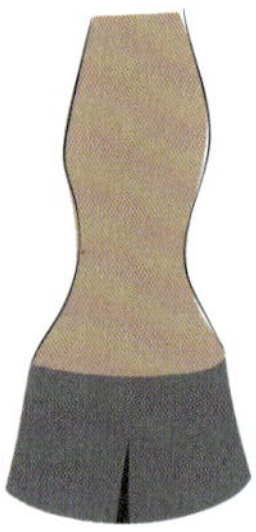

Zehenhornspalt

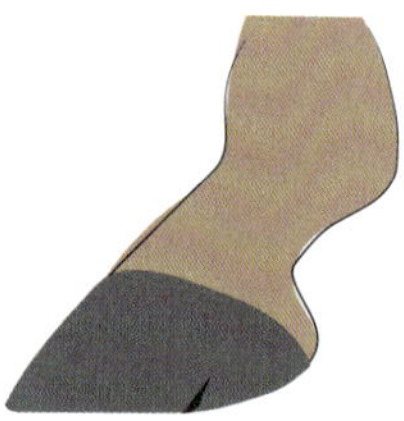

Trachtenhornspalt

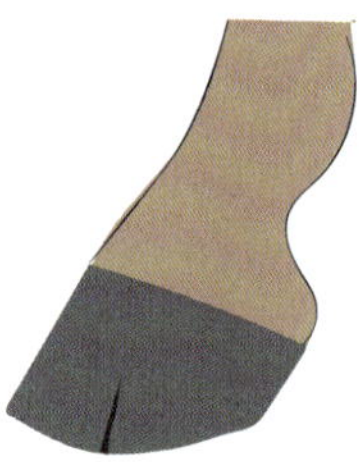

Seitlicher Hornspalt

Linie in der Hornwand zu erkennen, die vom Kronrand in Richtung Tragrand verläuft. Ist der Huf in einer schlechten Balance, reißt diese Linie im Zehenbereich auf und bildet einen Hornspalt. Diese Art von Spalten können durch eine angepasste Hufbearbeitung nur kontrolliert werden, da die Ursache eines Schadens im Entstehungsbereich bestehen bleibt.

Trachtenhornspalt

Beim Trachtenhornspalt zeigt die Trachtenwand einen Spalt unterschiedlicher Stärke und Höhe.
Ursache: Der Trachtenhornspalt ist oft in Verbindung mit einem Zehenhornspalt zu sehen. Der zu flache Huf belastet den hinteren Hufabschnitt zu stark, die überlastete Trachtenwand schiebt sich unter den Huf oder sie verkippt nach innen oder außen. Dabei entstehen Spannungsrisse im Horn.

Seitlicher Hornspalt

Der seitliche Hornspalt entwickelt sich in der Seitenwand des Hufes, wenn ein Huf zu sehr einseitig belastet wird. Die entlastete Wand wird zu flach und entwickelt Spalten und Risse.
Ursache: Gliedmaßenstellungen, wie bodeneng oder bodenweit, verursachen häufig einseitig flache Wandbereiche. Solche Hufe benötigen kürzere Bearbeitungsintervalle. Fehlt dem Pferd zusätzlich Bewegung und wird es auf weichen Untergründen gehalten, sodass wenig Hornabrieb stattfinden kann, verschlimmert sich die Situation. Ein Sonderfall ist der seitliche Hornspalt bei einer steilen und stützenden Hufwand. Diese Hufwände verlaufen in der Nähe des Bodens oft in einer flachen Wand aus. Ist der Druck auf den flachen Wandabschnitt zu stark, können in diesem Bereich ebenfalls Ausbrüche und Risse entstehen.

Strahlhornspalt

Der Strahlhornspalt tritt in der mittleren Strahlfurche auf. Hier ist das Strahlhorn besonders dünn und kann bei einseitiger Belastung des Hufes einen Riss entwickeln. Dieser Riss kann sich zwischen den Hufballen nach oben fortsetzen und wird von Fäulnisprozessen begleitet.
Ursache: Der Strahlhornspalt tritt häufig bei einseitig belasteten Hufen auf. Er ist auch bei Hufen mit Strahl- und Trachtenproblemen zu finden. Viele Ursachen, die für seitliche Hornspalten zutreffen, können auf die Entstehung von Strahlhornspalten übertragen werden. Eine einseitige Belastung des Hufes übt zu viel Druck auf den Bereich der mittleren Strahlfurche aus. Ist die Hornstruktur des Strahls durch schlechte Haltung und ungenügende Pflege zusätzlich geschwächt, bildet sich sehr leicht ein solcher Spalt.

Hornkluft

Eine Hornkluft ist eine horizontale Schädigung in der Hornwand, die als Riss oder Loch sichtbar wird. Dieser Hornschaden wächst meist problemlos heraus.
Ursache: Oft ist ein im Kronrand aufgegangenes Hufgeschwür die Ursache für eine Hornkluft. Möglich sind aber auch Hornschädigungen mit Hämatombildung, infolge eines Anschlagens oder einer Trittverletzung der Hornwand, wie z. B. ein Krontritt.

1

2

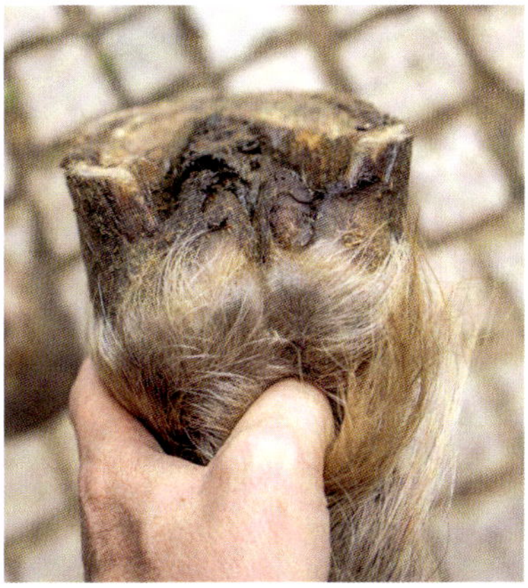

3

MERKE!

Bei Hornspalten im Trachtenbereich oder der Seitenwand können auch Hufgeschwüre eine Ursache sein. Tritt an einem Hornspalt Blut auf, dann ist das ein tierärztlicher Notfall!

1 Ausbrüche und Hornspalt an einer stützenden, überlasteten, seitlichen Hufwand

2 Strahlhornspalt

3 Hornkluft

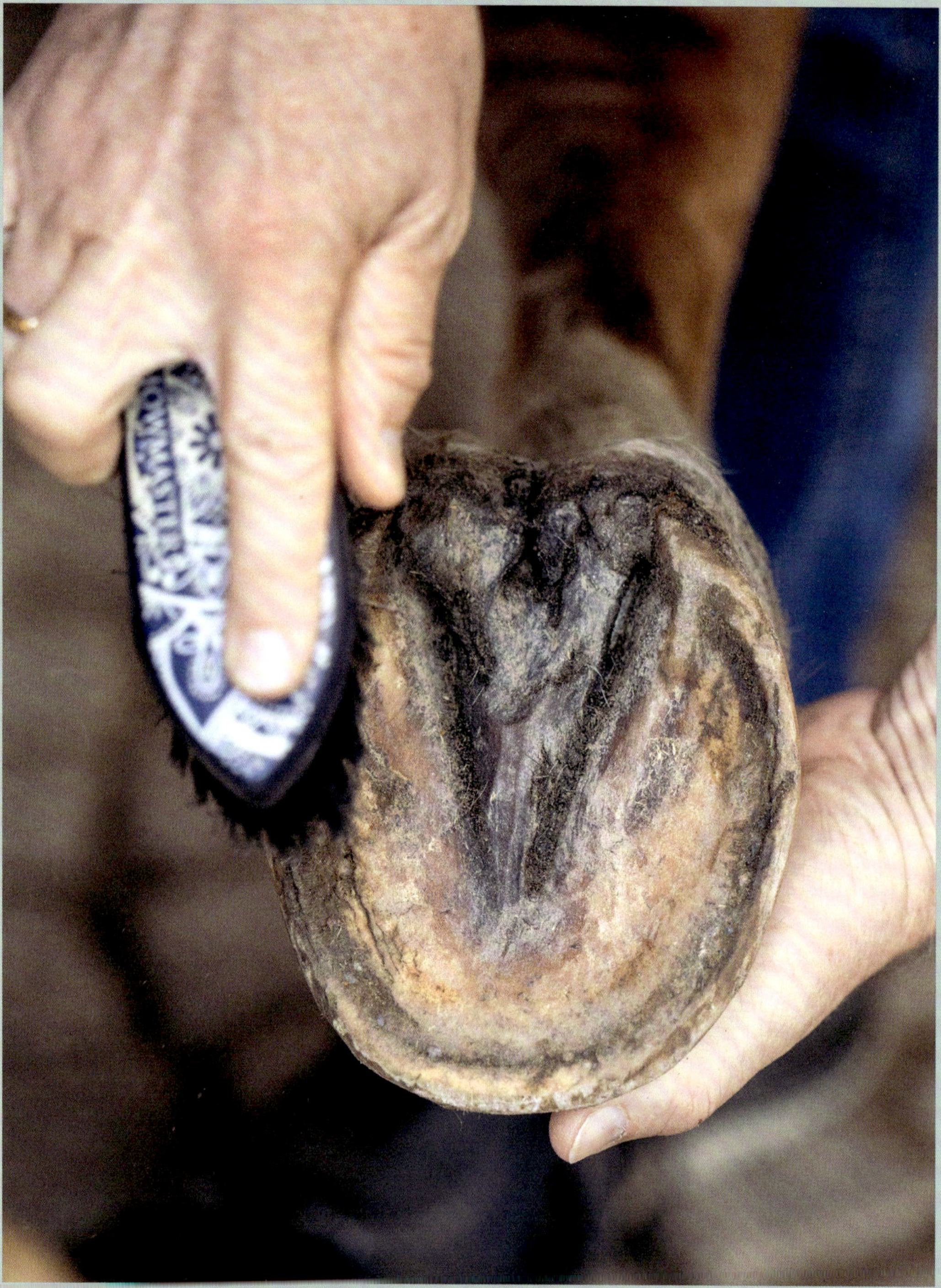

SOHLE UND STRAHL IM BLICK

Sohle und Hufstrahl sind in einem direkten Kontakt mit dem Untergrund und reagieren daher sehr schnell auf äußere Einflüsse.

LEVEL 10

Sohle und Strahl aus der Balance

Nicht nur die Hufwand, sondern auch die Sohle zeigt dir, ob bei deinem Pferd ein Hufproblem vorliegt. Denn die Hufsohle und der Strahl können ihre Struktur und Form bei ungünstigen Hufsituationen ebenfalls verändern.

SOHLENPROBLEME

Die Messung der Strahlfurchentiefe

Die Strahlfurchen können dir einen Hinweis auf die Lage des Hufbeins und die Sohlendicke geben. Das gibt dir einen Hinweis, wie groß die Wahrscheinlichkeit ist, dass dein Pferd fühlig gehen kann. Du ermittelst die Lage des Hufbeins und setzt seine Position in Bezug zur Sohlendicke. Bitte beachte, dass diese Methode nur eine Schätzung und keine genaue Messung ist! Nur mit Röntgenaufnahmen kann die exakte Dicke der Sohle und die Position des Hufbeins ermittelt werden.

1 So misst du die Strahlfurchentiefe: Suche den Anfang und das Ende der seitlichen Strahlfurche. Messe die Tiefe der Strahlfurche mithilfe eines Streichholzes. Markiere die gemessene Tiefe außen auf der Hufwand.

2 Ablesen der gemessenen Tiefe

1

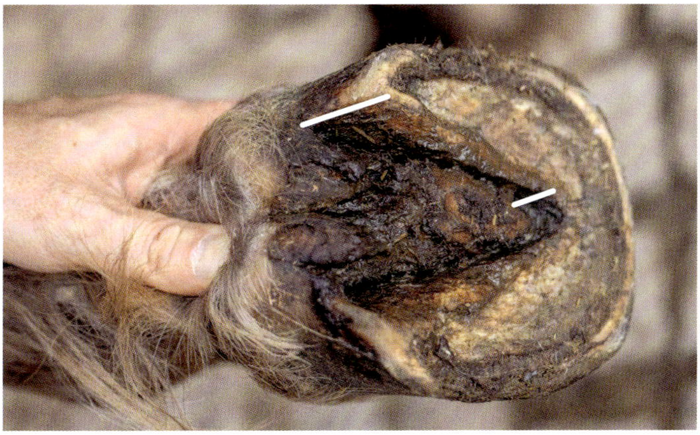

2

006

Strahlfurchentiefe und Sohlenstärke

Wenn du eine Messung der Strahlfurchentiefe an deinem Pferd durchführen möchtest, schaue dir dieses Video an.

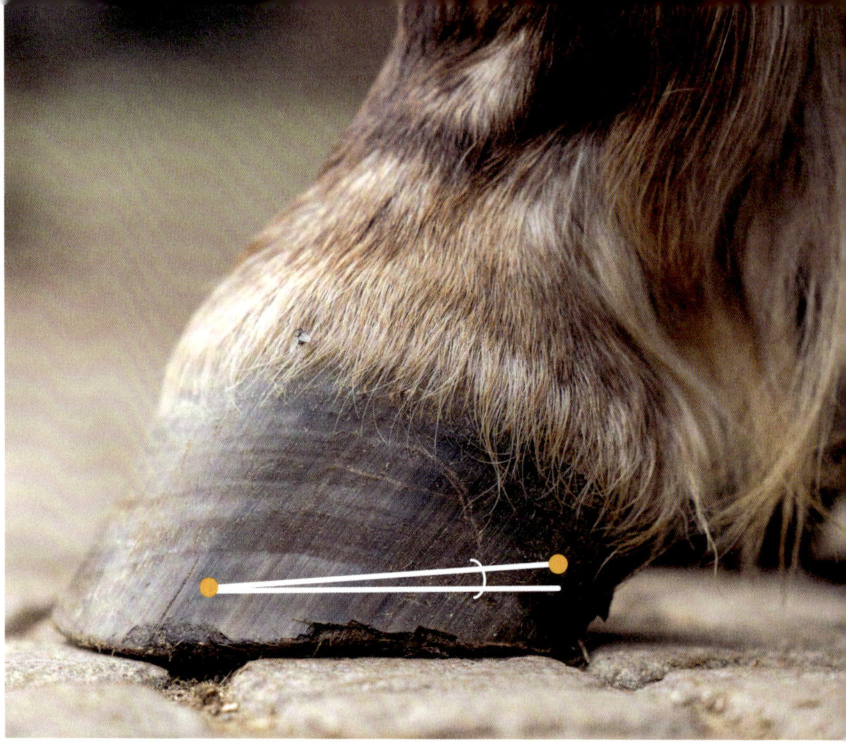

1

1 Das Ergebnis der Messung der Strahlfurchentiefe und Sohlenstärke. Bei einem gesunden Huf hat das Hufbein einen Winkel von 3° bis 6° zum Boden. Wenige Millimeter Sohle an der Strahlspitze sind eindeutig zu wenig und bieten deinem Pferd kaum Schutz. Ein fühliges Laufen oder sogar Lahmen können die Folge sein. Pferde sollten eine Sohlenstärke von mehr als 1 cm haben. Bei größeren Pferden kann die Sohle etwas stärker, bei kleineren Pferden etwas dünner sein.

MERKE!

Wenn vorne an der Strahlspitze keine Tiefe vorhanden ist, deutet dies darauf hin, dass das Hufbein deines Pferdes abgesunken ist und sich nahe am Boden befindet. Es hat wenig Sohle und das Hufbein ist ungewöhnlich tief in der Hornkapsel. Stellst du fest, dass sowohl vorne als auch hinten die Strahlfurchen annähernd oder gleich flach sind, könnte das darauf hinweisen, dass das Hufbein deines Pferdes in einer ungünstigen oder krankhaften Position ist. Für eine abschließende Beurteilung ziehe einen Experten zurate!

Die Sohlenwölbung

Jetzt kannst du einen Blick auf die Sohlenwölbung werfen. Es gibt zwei verschiedene Blickwinkel, die dir dabei helfen:

Ansicht von hinten auf den Huf: Stelle dich dicht an dein Pferd, nimm den Huf hoch und schaue über den Strahl und die Sohle in einer Ebene. Siehst du die Sohle kaum oder wenig, ist eine gute Wölbung vorhanden.

Seitliche Sohlenansicht: Stelle dich diesmal mit deinem Körper zum Pferd. So kannst du von der Seite über den Huf schauen. Der höchste Punkt sollte der Tragrand sein und nicht die Sohle.

MERKE!

Besonders auf Schotterwegen besteht ein erhöhtes Risiko für eine Sohlenprellung.

2

2 So schaust du auf den Huf von hinten.

3

3 So betrachtest du den Huf von der Seite.

4

4 Huf mit flacher Sohle

Flache Sohle

Ist die Sohle kaum oder gar nicht gewölbt, wird sie als flache Sohle bezeichnet. Mit dem Blick von der Seite über den Huf lässt sich gut erkennen, ob der Huf im vorderen Bereich eine ebene Fläche zeigt. Bei flachen Hufen zeigen Tragrand und Sohle eine ebene Fläche. Durch die fehlende Sohlenwölbung verliert der Huf seine Fähigkeit, Erschütterungen und Stöße abzufangen. Das Laufen auf unebenen und steinigen Böden kann für dein Pferd dann schmerzhaft werden und es wird versuchen ihnen auszuweichen. In der gewohnten Umgebung deines Pferdes, sollte der Untergrund so angenehm wie möglich für dein Pferd sein, damit es nicht fühlig oder verhalten laufen muss.

Doppelte Sohle

Nicht jedes Pferd mit einer flachen Sohle muss auch fühlig gehen. Das kann daran liegen, dass die Sohle nicht wirklich flach, sondern mit Zerfallshorn überwachsen ist und deswegen flach wirkt. Mit dem Blick von der Seite über den Huf lässt sich der Unterschied erkennen. Schaue dir die Spitze des Strahls am Ende der vorderen, seitlichen Strahlfurche an. Wenn du dort eine deutliche Vertiefung erkennst,

Tipp

Damit du unterscheiden kannst, ob es sich um eine flache oder mit Zerfallshorn gefüllte, doppelte Sohle handelt, kannst du die Messung der Strahlfurchentiefe anwenden.

Doppelte Sohle. Du kannst an der Strahlspitze deutlich erkennen, dass der Strahl in einer Vertiefung sitzt.

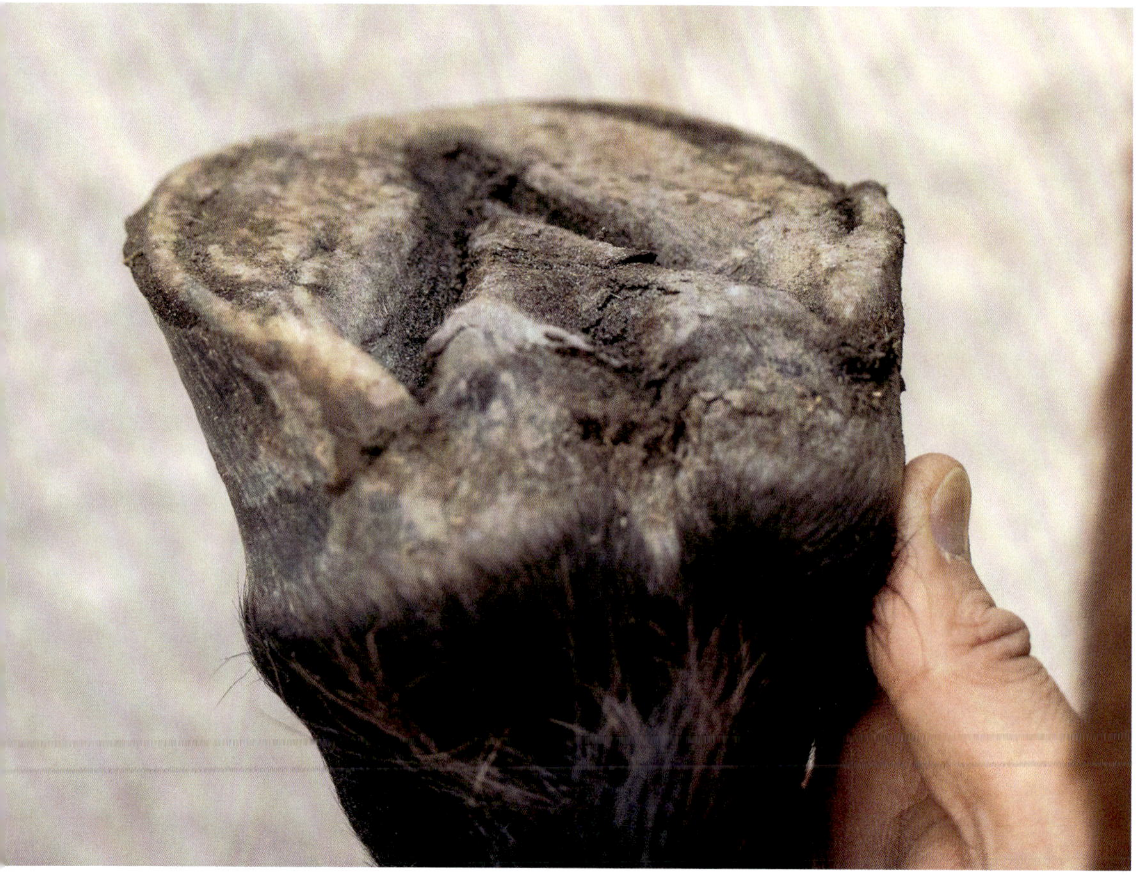

dann kannst du davon ausgehen, dass dein Pferd eine überwachsene und somit ausreichend dicke Sohle hat. Insbesondere in den Sommermonaten, wenn es sehr trocken ist, tritt dieser Zustand häufig auf, weil sich das Horn komprimiert und fest wird. Wenn dann die regnerische Jahreszeit kommt, weicht das Horn auf und lässt die Sohle plattenartig herausbrechen. Das wird auch oft als „doppelte Sohle" bezeichnet. Sobald diese doppelte Sohle entfernt wird, ist wieder eine normale Sohlenwölbung zu erkennen.
Ein weiterer Grund für die Bildung einer doppelten Sohle könnte sein, dass dein Pferd überwiegend auf harten Böden läuft, wie beispielsweise Pflastersteine oder Beton. In solchen Fällen sucht der Huf den natürlichen Gegendruck des Bodens. Mehr Sohlenmaterial ist in der Regel bei diesem Fall nicht störend für dein Pferd.

Die vorgewölbte Sohle (Vollhuf)

Wenn du einen Huf aufhebst und beim Blick in die Sohle keine Wölbung nach innen, sondern nach außen erkennst, dann hat dein Pferd einen Vollhuf. Oft ist die Sohle dünn und sie kann so aussehen, als ob sie sich leicht nach außen statt nach innen wölbt. Dadurch ist der Tragrand niedriger als die Sohlenfläche.
Unter der Sohle liegt die empfindliche Huflederhaut und darunter das Hufbein. Beide Strukturen geraten bei einer vorgewölbten Sohle mehr unter Druck, wenn das Pferd die entsprechende Gliedmaße belastet.

MERKE!

Um herauszufinden, ob es sich um eine vorgewölbte Sohle handelt, kannst du ein ebenes Brett oder ein Buch auf den gesamten Huf legen und sehen, welche Bereiche zuerst berührt werden. Wenn die Sohle die ebene Fläche zuerst berührt, ist es eine vorgewölbte Sohle.

Handelt es sich um eine vorgewölbte Sohle, informiere deinen Hufbearbeiter und Tierarzt. Die Ursache sollte ermittelt und für einen entsprechenden Hufschutz gesorgt werden.

Deshalb kann es sein, dass dein Pferd auf unebenen, harten Böden eher vorsichtig und fühlig läuft oder sogar zu lahmen beginnt.

Der Unterschied zur flachen Sohle

Legst du ein Brett auf den Huf mit flacher Sohle, dann berührt der Tragrand weiterhin zuerst die ebene Fläche des Bretts.
Damit sich dein Pferd im Gelände wieder wohlfühlen kann und keine gesundheitlichen Probleme bekommt, kannst du ihm mit einem passenden Hufschutz helfen.
Dafür stehen dir verschiedene Möglichkeiten zur Auswahl:
– Substanzen, die die Sohlen härten.
– Hufschuhe, die z. B. zum Ausreiten angezogen werden.
– Hufschutz in genagelter oder geklebter Form, z. B. Beschläge aus Stahl, Aluminium oder Kunststoff.

MERKE!

Die Heilung der mittleren Strahlfurche kannst du mit Zinksalbe oder einem Schleimhautantiseptikum unterstützen. Säubere und desinfiziere den Huf zunächst gründlich. Nimm eine Watterolle (Dentaltamponade) und streiche etwas Zinksalbe darauf. Drücke die Watte mithilfe eines Hufkratzers vorsichtig in die betroffene Strahlfurche. So erhält dieser Bereich den nötigen Gegendruck von innen und kann schneller ausheilen. Je nach Tiefe kannst du auch mehrere Watterollen in die Furche eindrücken. Bereits nach kurzer Zeit beginnt sich die Furche zu schließen. Kann dein Pferd, z. B. aufgrund seines Alter, den Huf nicht so lange aufheben, tropfe einmal täglich ein Schleimhautantiseptikum in den Strahl, um die Furche zu desinfizieren und den Heilungsprozess zu beschleunigen.

Tipp

Für die Hufgesundheit ist das tägliche Auskratzen der Hufe unerlässlich. Verbessert sich die Situation nicht, ziehe einen Experten hinzu.

EIN AUFFÄLLIGER HUFSTRAHL

Strahlfäule

Die Strahlfäule ist eine Erkrankung des Hufstrahls, die häufig auftritt und ganz unterschiedliche Ursachen hat. Die Balance des Hufes und des Strahls kann gestört sein, wodurch Pilze und Bakterien leichter in das weiche Hornmaterial eindringen können und es zu Fäulnis kommt. Eine schlechte Stallhygiene oder mangelhafte Hufpflege sind häufige Auslöser von Strahlfäule. Mögliche Ursachen können aber auch Stoffwechselprobleme oder Fehler in der Hufbearbeitung sein. Wird die Strahlfäule nicht behandelt, kann sie zu Hufkrebs führen. Eine schlechte Strahlsituation und Strahlfäule kannst du an diesen Merkmalen erkennen:

– Unangenehmer, fauliger Geruch deutet auf einen bakteriellen Fäulnisprozess hin.

– Auffällig dunkel gefärbter Strahl, mit Löchern und Rissen, aus der sich eine schwarze, schmierige Konsistenz löst.

– Beim Auskratzen der mittleren Strahlfurche zieht dein Pferd den Huf weg und reagiert empfindlich.

Der enge Strahl

Ein enger Strahl ist die Folge eines engen Hufes im Trachtenbereich und tritt z. B. bei einem sogenannten Zwanghuf auf. Hier sind die Trachtenwände nicht nur sehr steil, sie zeigen in ihrem Wandverlauf auch in Richtung Strahlmitte. Dadurch hat der Strahl weniger Platz, insbesondere die mittlere Strahlfurche wird sehr eng und auch sehr tief. Sie zieht sich zusammen und es entwickelt sich eine sehr tiefe, teilweise bis in den Kronsaum reichende Furche und es kann Strahlfäule entstehen. Ein solcher Strahl kann den Huf in seiner Funk-

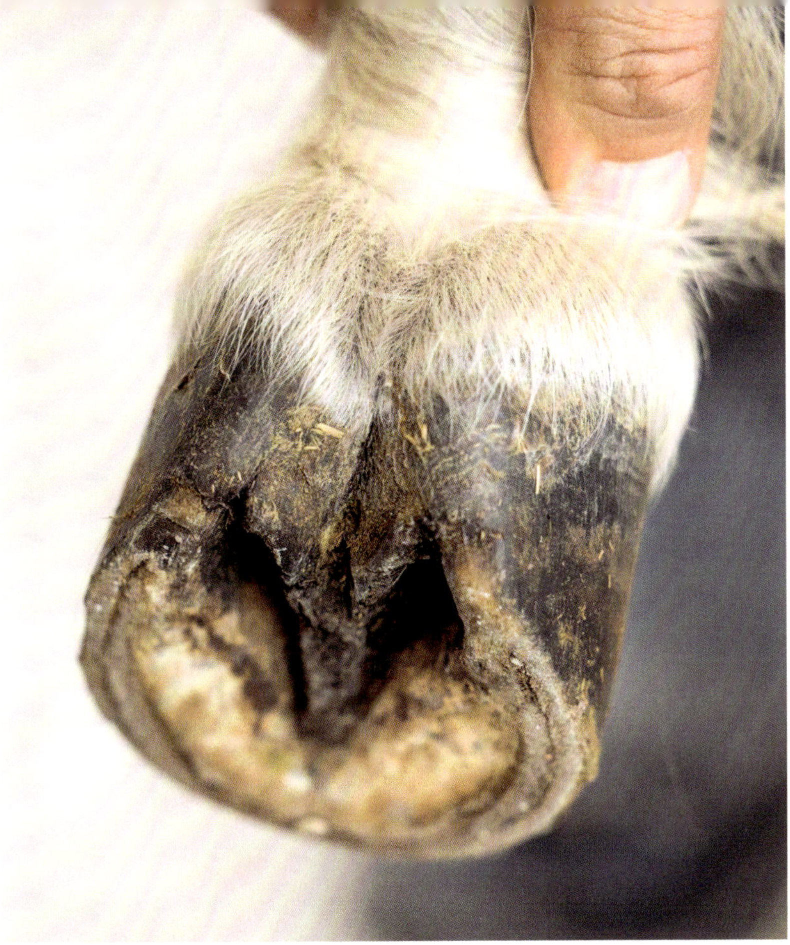

Enger hinterer Hufbereich

MERKE!

Unbehandelte Strahlfäule kann sich verschlimmern und zu Hufkrebs führen. Bei Hufkrebs handelt es sich um eine Entartung des Hufhorns.

Ein enger Strahl bedeutet weniger Laufkomfort für dein Pferd und führt zu gesundheitlichen Problemen.

Ein zu breiter Strahl kann den Hufmechanismus nicht mehr unterstützen, da der Huf bereits maximal geweitet ist. Um den Strahl aus der Last zu nehmen, kann ein Beschlag sinnvoll sein.

Einen verschobenen Strahl erkennst du am einfachsten an unterschiedlich engen und weiten seitlichen Strahlfurchen. Die seitliche Strahlfurche, die weiter ist, zeigt dir die Hufseite an, auf der die Last zuerst landet. Ist ein Hufstrahl sehr stark verschoben, kann das auch auf eine Erkrankung hindeuten.

tion nicht mehr unterstützen, was zu einer unbequemen und meist schmerzhaften Hufsituation führt. Infolgedessen wird das Pferd den hinteren Hufbereich weniger belasten wollen.

Bei einem breiten Strahl sind alle Strahlfurchen weniger tief.

Der breite Strahl

Ein breiter Strahl entwickelt sich bei Pferden mit sehr kurzen oder zu flachen Hufen. Unter diesen Umständen wirkt eine größere Belastung auf den Hufstrahl. Dadurch verbreitert er sich. Das kann so weit gehen, dass die seitlichen Strahlfurchen kaum noch ausgebildet sind und die mittlere Strahlfurche nicht mehr zu erkennen ist.
Durch die erhöhte Druckbelastung findest du im Strahl auch häufiger eingeblutete Bereiche (Hämatome), die beispielsweise beim Treten auf einen Stein entstehen. Pferde mit einem breiten Strahl können auch fühlig gehen, da die Strahllederhaut überreizt ist.

Ein verschobener Strahl:
Die im Bild rechte Strahlfurche ist weiter, die linke ist enger.
Der Strahl ist in die linke Hufhälfte verschoben. Das Pferd fußt zuerst auf der rechten Seite auf.

Der verschobene Strahl

Bei einem verschobenen Strahl liegt die Strahlspitze nicht mittig in der Sohle. Seine Position ist von der Hufmitte aus seitlich verschoben.
Teile dir den Huf mittig in zwei Hälften auf. Stell dir die Strahlspitze als Pfeil vor. Dieser sollte mittig auf die Zehe treffen. Zeigt die Strahlspitze seitlich an der Zehenmitte vorbei, kannst du die Abweichung sehen.
Der Strahl kann seine Position verschieben, da er aus weichem Horn besteht, welches dem Druck elastisch nachgeben kann. Dieser Druck wirkt dann auf den Strahl, wenn das Auf- und Abfußen des Hufes nicht nur gerade verläuft, sondern der Huf dabei auch etwas seitlich über den Boden gezogen oder gedreht wird. Dadurch wird eine Strahlfurche mehr aufgezogen und verbreitert, die andere Strahlfurche mehr zugeschoben. Infolgedessen ändert der Strahl seine Position und verschiebt sich.

Strahlmilchtaschen

Bei Strahlmilchtaschen handelt es sich um runde oder längliche Flüssigkeitseinschlüsse, die hauptsächlich bei schweren Pferderassen, aber auch bei Shetland Ponys, Haflingern und Norwegern vorkommen. Im Strahl bilden sich Hohlräume, die sich mit einer milchigen Flüssigkeit füllen, die insbesondere bei der Hufbearbeitung auffallen können. Beim Ausschneiden des Strahls können sich die Taschen öffnen und milchige Flüssigkeit austreten. Eine Strahlmilchtasche stellt kein gesundheitliches Problem dar. Tritt diese jedoch vermehrt auf, kann das beispielsweise auf ein Stoffwechselproblem hindeuten. Eine weitere Annahme ist, dass es sich hierbei um eine Art hydraulisches Polster handelt, wodurch das Pferd eine zusätzliche Dämpfung erhält.

Ein ungleich belasteter und verschobener Strahl

GESUND ODER KRANK?

Erkrankungen der Gliedmaßen können sich direkt auf die Form und Belastung der Hufe auswirken.

LEVEL 11

Krankheiten formen den Huf

Jetzt hast du schon viel über Anatomie und Bewegungsmuster als Ursache für das charakteristische Aussehen des Hufes kennengelernt. Aber ein wichtiger Faktor kommt noch hinzu, nämlich Erkrankungen. Viele Erkrankungen verursachen Schmerzen, die dazu führen, dass Pferde ihre Hufe anders belasten.

BEISPIELE FÜR ERKRANKUNGEN

Auch Erkrankungen formen oder verformen den Huf. Dieses letzte Puzzleteil macht deine Hufkenntnisse komplett. Aufgrund der großen Anzahl von Erkrankungen im Bewegungsapparat, die nicht alle dargestellt werden können, findest du hier ausgewählte Beispiele, die dir zeigen, wie Erkrankungen Hufformen verändern und beinflussen können.

DER EINFLUSS VON SCHMERZEN AUF DEN HUF

Erkrankungen können zu Schmerzen führen, die eine Veränderung der Belastung einer Gliedmaße bewirken. Zudem können Schmerzen die Bewegungsabläufe der Gliedmaße verändern. In beiden Fällen ist der Huf unmittelbar betroffen. Das Pferd möchte den schmerzhaften Bereich des Hufes oder der Gliedmaße nicht belasten und versucht deshalb, diesen zu entlasten.

Erkrankungen und Schmerzen in einem Huf oder einer Gliedmaße können folgende typische Veränderungen im Huf bewirken:

- Es entstehen steile oder flache Wandbereiche.
- Hufe werden kleiner oder größer.
- Hufformen verstärken sich.

Das Pferd hat eine Schmerzsituation auf der Außenseite der linken Vorhand und entlastet deshalb diesen Bereich (rechte Bildhälfte). Dadurch ist hier weniger Hornabrieb vorhanden, die Hufwand wird zu flach und bricht aus. Das Pferd verlagert sein Gewicht auf die Innenseite, wodurch diese Hufwand steiler wird.

– Sohle und Strahl verändern sich.
– Der Huf zeigt untypische Bewegungsspuren, wie eine abgelaufene Zehe, da das Pferd sein Auf- und Abfußungsverhalten ändert.

Infolgedessen können eine Reihe weiterer Veränderungen in der Hornstruktur entstehen.

Schmerzen im Huf

Ein Hufgeschwür im Bereich der äußeren Hufwand führt dazu, dass diese Wand entlastet und dadurch flacher wird. Die innere Hufwand, die schmerzfrei ist, wird dadurch mehr belastet und damit steiler.

DIE GLIEDMASSE IM FOKUS

Du hast erkannt, dass das Pferd wie ein Schweizer Uhrwerk funktioniert, bei dem ein Rädchen in das andere greift. Im Pferd entstehen dadurch ineinandergreifende, biomechanische Ketten. Wird die Arbeit eines Zahnrades gestört, beeinflusst das auch die Arbeit der anderen beteiligten Zahn-

räder. Damit kann die Störung an viele entfernte Stellen im Körper weitergegeben werden.
Die Störung biomechanischer Ketten ist nicht immer leicht zu erkennen und auch für dich kann es schwierig sein, die Gesamtsituation einzuschätzen. Trotzdem wollen wir dir an einem Beispiel zeigen, dass die Ursache für eine bestimmte Hufsituation nicht immer im Huf selbst oder der dazugehörigen Gliedmaße steckt. Die eigentliche Problematik für eine bestimmte Hufform kann auch ganz woanders liegen.

Schmerzen in den Gliedmaßen

Ein Pferd hat auf der linken Vorhand eine Erkrankung der tiefen Beugesehne. Dies führt zu einer unterschiedlichen Belastung der Gliedmaßen. Die rechte Vorhand wird mehr belastet und der rechte Vorderhuf wird dadurch insgesamt flacher und größer. Der linke Vorderhuf wird entlastet und der Huf wird damit insgesamt steiler und kleiner.

Flache Hufe haben große Wirkung

Wir schauen uns dabei ein häufiges und weitverbreitetes Problem an: zu flache Hufe auf der Vorhand. Sind die Vorderhufe des Pferdes zu flach, wirkt die veränderte Hufstellung durch veränderte Gelenkpositionen bis hoch in die Schultermuskulatur.

Da das Pferd mehr Mühe hat, den flachen Huf vom Boden anzuheben und die Gliedmaße zurückzuführen, treten Verspannungen der Schultermuskulatur und der Muskulatur des Vorderfußwurzelgelenks auf. Solche Pferde neigen im Gang häufig zum Stolpern. Das Zungenbein ist über die lange Zungenbeinmuskulatur mit der Schulter und dem Brustbein verbunden. Die Verspannungen in der Schulter und der Brust können daher in Richtung Zungenbein weitergegeben werden, wodurch es in seiner Funktion eingeschränkt wird. Dadurch kann die Nahrung nicht mehr optimal eingespeichelt und vorgekaut werden.

MERKE!

Schmerzen in Hufen und Gelenken beeinflussen nicht nur die Belastung im betroffenen Huf selbst, sie wirken sich auch auf die Belastung der anderen Hufe aus!

Am Erscheinungsbild kannst du Schmerzen ablesen.

MERKE!

Die Auswirkungen von zu flachen Hufen der Vorhand können sich durch den ganzen Körper ziehen. Sie können auch die Hufe der Hinterhand beeinflussen. Kommen die Hufe dabei an ihre Balancegrenze, können auch Erkrankungen in den Hufen und den dazugehörigen Gliedmaßen entstehen.

In der Folge wird der Verdauungsprozess gestört und der Magen übersäuert. Es kann zu einer Fehlgärung im Blinddarm kommen, was die natürliche Schiefe des Pferdes verstärkt und dadurch wiederum auch die Form der Hufe auf der Hinterhand verändert.
Übrigens: Man kann diese Wirkungen auch aus der anderen Richtung beschreiben: Ein blockiertes Zungenbein oder Probleme in den Kiefergelenken können zu flachen Hufen führen!

ARTHROSE

Als Arthrose wird der Verschleiß eines Gelenks bezeichnet, der durch eine Fehlbelastung oder Überlastung der Knochenstruktur entstehen kann. Beim Pferd sind besonders die Gelenke am Ende der Gliedmaße anfällig für die Bildung einer Arthrose. Arthrosen im Huf-, Kron-, Fessel-, Vorder- oder Hinterfußwurzelgelenk können für das Pferd sehr schmerzhaft sein. Schmerzen führen dazu, dass das Pferd den Huf anders belastet und bewegt. Infolgedessen verändert der betroffene Huf seine Form.

Hufvergleich

Ein Huf kann dir Warnsignale für die Entstehung einer Arthrose zeigen!
Um eine erste Auffälligkeit festzustellen, ist es wichtig, dass du immer die linke und rechte Gliedmaße der Vor- bzw. Hinterhand vergleichst. Ist dabei ein Huf besonders auffällig, weil er in seiner Form von den anderen Hufen abweicht, ist das ein erster Hinweis auf eine veränderte Belastungssituation. Bewegt das Pferd die dazugehörigen Gliedmaßen eher ungern, mühsam oder entlastet sie sogar, sind das zusätzliche Hinweise.
Eine Arthrose sicher zu diagnostizieren, ist natürlich Aufgabe des Tierarztes. Du kannst dein Wissen aber nutzen, um eine erste Einschätzung zu gewinnen.
Hier ein paar typische Beispiele für Arthrosen der Gliedmaße, die zu Auffälligkeiten im Hufvergleich führen.

Hufknorpelverknöcherung

Du kannst die Hufknorpel deines Pferdes gut ertasten. Sie liegen direkt über dem Kronrand als halbrunde Erhebung im Bereich der Seitenwand. Übst du mit deinen Fingern sanften Druck auf die Hufknorpel aus, kannst du feststellen, wie fest sie sind. Sind sie unterschiedlich fest, kann der Hufknorpelbereich, der weniger elastisch ist, verknöchert sein.

Arthrose im Krongelenk

Die Arthrose im Krongelenk kannst du in den Gelenkstrukturen gut erkennen. Scheint das Krongelenk an einer Seite dicker, kann das ein Anzeichen für eine Arthrose sein, die auch als Schale bezeichnet wird.

Beispiel einer Stellungsabweichung durch Arthrose in den Gelenken der Gliedmaße. Die steile Position führt durch verstärkten Druck im vorderen Hufbereich zur Bildung einer flachen, schnabelartigen Zehenwand.

Arthrose im Vorderfußwurzelgelenk

Wenn ein Pferd im Stand und im Gang ein oder beide Vorderfußwurzelgelenke nicht mehr richtig durchstreckt, kann dies ein Hinweis auf eine Arthrose in diesem Bereich sein. Das Pferd entlastet durch das Anbeugen der Vorderfußwurzelgelenke die Gelenkspalten. Dadurch entlastet es den hinteren Hufbereich und die Hufe werden steiler. Bei Arthrosen entlasten Pferde jedoch auch gerne die gesamte Gliedmaße, wodurch Stellungsabweichungen entstehen.

Arthrose im Sprunggelenk

Eine Arthrose im Sprunggelenk wird als Spat bezeichnet. Spat entsteht oft

MERKE!

Suche dir immer den auffälligsten Huf des Pferdes, um mit der Beurteilung zu beginnen.

Sind Hufe sehr einseitig belastet, kann dies die Entstehung einer Hufknorpelverknöcherung begünstigen.

Ist das Pferd eher ein schwerer Typ und steht boden- oder auch zeheneng, entwickelt die mehr belastete Gelenkseite häufig Arthrosen.

Auffällig ist hier ein Hinterhuf mit einer abgelaufenen Zehe, bei dem zusätzlich die äußere Hufwand steiler ist.

auf der Innenseite der Gelenke und zieht sich dabei auch leicht nach vorne. Das Pferd möchte die innere Seite des betroffenen Gelenks weniger belasten und verlagert das Gewicht auf die Außenseite des Hufes. Zudem möchte es das Gelenk nicht mehr so stark anbeugen.

Der Huf als Frühwarnsystem bei Arthrose

Der Huf ist der Abschnitt des Körpers, der auf Probleme sehr schnell mit einer Formveränderung reagiert. Frühe Warnzeichen für ungleich belastete Gelenke, die Arthrose entwickeln, sind folgende: **Sehr einseitig belastete Hufe:** Eine Hufwand ist besonders steil, die andere Hufwand ist besonders flach.
Entlastungen des Zehen- oder Trachtenbereichs: Der Huf wird dadurch auffällig flach (Entlastung der Zehe) oder auffällig steil (Entlastung der Trachte).
Sehr diagonale Hufe: Der Huf wird deutlich rotiert und einseitig belastet. Für viele Gelenke ist das ungünstig.
Abgelaufene Zehe: Der vordere Bereich des Hufes zeigt keinen runden Verlauf mehr. Die Hufspitze sieht wie eine gerade Kante aus. Diese Kante

Abgelaufene Zehe in Folge einer Arthrose.

entsteht, wenn das Pferd in der Bewegung mit der Hufspitze über dem Boden schlürft.

SEHNEN- UND FESSELTRÄGERPROBLEME

Eine Sehne ist der „verlängerte Arm" der Muskulatur. Sehnen dienen der Kraftübertragung, sind kaum dehnbar und haben eine stabilisierende Wirkung auf Gelenke und Gliedmaße. Im Bereich der Gliedmaße des Pferdes sind Sehnen auch Lastträger und halten die Knochenstruktur in Position. Das Pferd hat die Gliedmaßengelenke im wesentlich auf beugende und streckende Bewegungen beschränkt. Daher sind die Sehnen auf die Vor- und Rückseite der Gliedmaße konzentriert. Wichtige Sehnen auf der Rückseite der Gliedmaße sind die tiefe und die oberflächliche Beugesehne. Hier findest du auch den Fesselträger. Auf der Vorderseite findest du die Strecksehnen. Wenn in diesem Bereich Probleme und Funktionsstörungen auftreten, verändert das die Belastung des Hufes im Zehen- und Trachtenbereich. Veränderungen treten auch im Auf- und Abfußungsverhalten der Gliedmaße auf. Auch der Vorführbogen der Gliedmaßen in der Bewegung kann sich verändern.

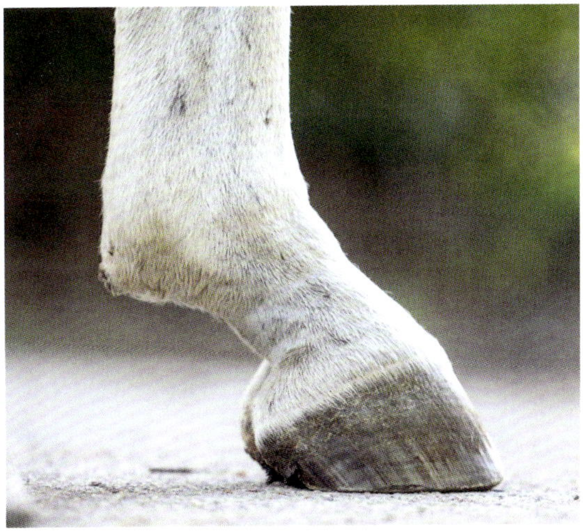

Durchtrittiger Fesselkopf aufgrund von Problemen im Fesselträger/Beugesehnenbereich. Im Huf werden die hinteren Bereiche überlastet. Das Abfußen wird erschwert, wodurch sich das Pferd die Zehe des Hufes „rund abläuft".

Wie zeigt mir das der Huf?

Fall 1: Der Fesselträger ist chronisch überlastet. Das kannst du häufig daran erkennen, dass im Stand oder Laufen der Fesselkopf nach unten absackt. Diese Situation wird als „durchtrittig" bezeichnet. Die Sehnenstruktur wirkt oft verdickt und schwammig. In der Bewegung muss das Pferd mit mehr Kraft nach vorne abfußen. Beim Auffußen versucht das Pferd, den hinteren Hufbereich nicht gleich in die volle Last zu nehmen. Das Fesselgelenk wird verzögert belastet und das Pferd strebt ein stärkeres Auffußen im Zehenbereich an.

Können diese Strukturen, vor allem bei chronischen Erkrankungen, die Last nicht mehr richtig stabilisieren, wird der hintere Abschnitt des Hufes stärker belastet. Dieser zeigt die Überlastung wie folgt an:

– ... die Trachten können sich unter den Huf schieben und die Trachtenwand wird kürzer. Häufig anzutreffen sind auch unpassend hohe Trachten.

– ... der Strahl muss mehr Last tragen, er verbreitert sich.

In der Bewegung wird das Vorderfußwurzelgelenk nicht mehr gestreckt, um Schmerzen in der Sehnen- oder Gelenkstruktur zu vermeiden.

Veränderung im Bereich Fesselgelenk/Strecksehnen. Die Folgen für den Huf sind ein Laufverhalten mit weniger Schwung. In der Folge ist die Zehenwand stärker abgelaufen und es können Hornklüfte durch Anschlagen entstehen.

– ... die seitlichen Tragrandbereiche entwickeln seitlich ausschnabelnde Wandbereiche (stabilisierende Wände).

Fall 2: Hinweis für eine eher akute Überlastung von Fesselträger und Beugesehnen ist ein „Nicht-Belasten-Wollen" dieser Strukturen. Das erkennst du am besten im Schritt, wenn du das Pferd von der Seite betrachtest. Auffällig ist, dass das Vorderfußwurzelgelenk nicht direkt voll gestreckt und/oder das Fesselgelenk nicht direkt komplett belastet wird. Oft kann ein Zittern oder Wackeln in diesen Gelenken wahrgenommen werden, da das Pferd die Gelenke verzögert belasten will.

Fall 3: Es treten Probleme im Bereich der Strecksehnen auf. Eventuell lassen sich hier alte Verletzungen erkennen. Sind die Strukturen im Bereich der Strecksehnen in ihrer Funktion beeinträchtigt, ist für das Pferd das Strecken der Gliedmaße im Moment vor dem Auffußen erschwert. Das häufigste Erscheinungsbild ist eine Fußung mit leicht in Richtung Boden angewinkeltem Huf. Diese Position kann dazu führen, dass das Pferd zum Stolpern neigt. Durch die nach unten gerichtete Zehe kann sich diese zudem verstärkt ablaufen.

MERKE!

Der Trachtenbereich bei einem durchtrittigen Huf sollte auch unter Berücksichtigung des Fesselstands bearbeitet werden.

STOFFELWECHSEL-PROBLEME

Das Hufhorn nutzt sich durch die Bewegung des Pferdes permanent ab. Daher muss das Pferd ständig neues Horn bilden. Damit sich Horn bilden kann, muss der Huf ausreichend und gut durchblutet sein. Im Huf herrscht folglich eine hohe Stoffwechselaktivität. Erkrankungen oder genetische Veränderungen des Stoffwechsels können sich daher auch sehr schnell auf den Huf auswirken.
Oft werden diese Stoffwechselprobleme durch eine Kombination aus unangepasstem Grundfutter, mangelnder Bewegung und zu viel Stehzeit in der Box verursacht. Solche Pferde werden schnell übergewichtig und entwickeln Wohlstandserkrankungen.

Equines Metabolisches Syndrom (EMS)

EMS betrifft den Energie- und Zuckerstoffwechsel des Pferdes. Die Erkrankung wird nicht im Pferdekörper ausgelöst, sondern durch das Überangebot an Futter und durch ungeeignete Weiden (z. B. Kuhweiden). Durch die falsche Fütterung nimmt das Pferd zu viel Energie auf, die es nicht verbrauchen kann. Sind Stoffwechselfunktionen des Pferdes überlastet, kann der Überschuss an Energie nicht hinreichend genutzt werden. Er wird daher umgewandelt und als Fett gespeichert.
Daher betrifft EMS oft Pferde mit Übergewicht. Robuste Rassen sind hier besonders anfällig. Aber auch Pferde mit normalem Körperbau können betroffen sein. Ähnlich wie beim Menschen gibt es Pferde, die eine

Achte während der Weidesaison darauf, wie viel Gras dein Pferd verträgt. Zu viel Gras kann zu Stoffwechselproblemen führen.

höhere Energiezufuhr besser verkraften, ohne übergewichtig zu werden und andere, die es weniger gut verkraften. Wird EMS nicht ausreichend behandelt, haben betroffene Pferde in der Regel kein richtiges Sättigungsgefühl mehr und können ihren Appetit nicht selbstständig regulieren. Sie fressen nahezu 24 Stunden am Tag. Ist es nicht möglich, dieser Fehlfunktion entgegenzuwirken, besteht ein erhöhtes Risiko, an Cushing und/oder Hufrehe zu erkranken.

Äußere Merkmale: ein deutlich übergewichtiges Pferd, Fettpolster am Mähnenkamm, Schulter, Kruppe und Schweifansatz. Oberhalb der Augen, am Schlauch oder um das Euter herum sammeln sich Einlagerungen an.

EMS-Huf: Deutlich am Huf zu erkennen sind parallel zum Boden verlaufende Wellen und Rillen bis hin zu Einschnürungen an der Hornkapsel. Die Weiße Linie ist um den ganzen Huf herum verbreitet. Das zeigt dir, dass dein Pferd eine deutliche Stoffwechselbelastung hat.

Equines Cushing

Equines Cushing ist eine Erkrankung. Sie betrifft hauptsächlich ältere Pferde, ab einem Alter von etwa 15 Jahren. Es handelt sich um eine komplexe

Typische Stellen für die Bildung von Fettpolstern

Ein übergewichtiges Pferd

Typisches Bild bei Equinem Cushing: Fellwechselprobleme und zu langes, lockiges Haar

Tipp

Hast du den Verdacht, dass dein Pferd an EMS oder Cushing erkrankt ist, informiere bitte deinen Tierarzt oder andere Spezialisten. Eine gute Hilfe kann zudem eine Futterberatung sein, die individuelle Ernährungspläne und Tipps zur angepassten Haltung beinhaltet.

Hormonerkrankung, die den Stoffwechsel bei Pferden aus dem Gleichgewicht bringt, was unter anderem den Zuckerstoffwechsel, die Abwehrkräfte und den Fellwechsel negativ beeinflussen kann. Cushing wird nicht fütterungsbedingt ausgelöst, es entsteht durch eine Fehlfunktion des Hormonsystems.

Äußere Merkmale: Typisch sind eher dünne Pferde mit sehr langem Fell. Das Fell zeigt dabei eine lockige Struktur. Auffällig ist auch vermehrtes Schwitzen und Leistungsabfall. Eine schlechte Immunabwehr kann bereits ein frühes Anzeichen sein.

Cushing-Huf: Dem Huf fehlen wichtige Bausteine zur Hornbildung. Daher kannst du eine schlechte Hornqualität, eine verbreiterte Weiße Linie und zumeist eine Fühligkeit erwarten. Cushing-Pferde haben ein erhöhtes Risiko, Hufrehe zu bekommen.

LEDERHAUTENTZÜNDUNG

Die Lederhaut liegt im Inneren der Hornkapsel. Diese Schicht ist gut durchblutet und wichtig für die Bildung von Hufhorn. Sie liegt direkt unter der Hornschicht und ist sehr empfindlich. Eine Entzündung der

Lederhaut lässt sich am Laufverhalten des Pferdes erkennen. Das Pferd möchte den betroffenen Huf nicht mehr richtig belasten und aufsetzen. Manchmal entlastet es auch den betroffenen Huf bewusst und stellt ihn auf der Zehenspitze ab.
Eine Lederhautentzündung kann durch einen Schlag oder hohen Druck auf die Hufsohle, die Hufwand, den Strahl oder die Eckstreben entstehen. Oft hat sich dein Pferd nur an einem festen Gegenstand wie einem Stein oder einem Vorsprung mit dem Huf angeschlagen, wodurch eine Entzündung und Schwellung in der Lederhaut entsteht. Eine andere Möglichkeit kann auch ein fehlender Hufschutz oder eine intensive Nutzung deines Pferdes auf hartem Boden sein. In seltenen Fällen kann auch ein plötzlicher und ungewohnter thermischer Einfluss eine Huflederhautentzündung auslösen (z. B. heißer Asphalt oder bei Hitze die Abkühlung in eiskaltem Wasser über längere Zeit).

Huf mit Lederhautentzündung: Dein Pferd zeigt eine starke Fühligkeit oder Lahmheit. Das Belasten der betroffenen Hufe fällt deinem Pferd schwer und es versucht, im Wechsel immer einen Huf zu entlasten. Durch ein Zurückschaukeln im Körper versucht es, die schmerzhafte Zehe durch eine vermehrte Lastaufnahme der Trachte zu entlasten. An der Körpersprache deines Pferdes siehst du deutlich den Schmerzzustand.

HUFGESCHWÜR: LEDERHAUT-ENTZÜNDUNG MIT INFEKTION

Eine Lederhautentzündung kann aber auch durch Bakterien und Erreger entstehen, die in den Huf eindringen und dort eine Entzündung hervorrufen. Diese Entzündung wird als Hufgeschwür bezeichnet und ist oft sehr schmerzhaft für dein Pferd.

Direkt vor der Eckstrebe befindet sich ein Bereich, der eine Eintrittspforte für Bakterien ist und so zu einem Hufgeschwür führen kann.

Nordpferd-Ponys sind besonders anfällig für Hufrehe, wie beispielsweise das Shetland Pony.

Durch die Entzündung schwillt die Lederhaut an und es können sich mit Eiter gefüllte Hohlräume bilden. Wird diese nicht umgehend und fachgerecht behandelt, kann sich die Entzündung auch auf weitere Strukturen wie das Hufbein ausdehnen. Bei einem Hufgeschwür braucht dein Pferd sofort Unterstützung durch einen Tierarzt und einen Hufbearbeiter.

Huf mit Hufgeschwür: Dein Pferd zeigt meist eine hochgradige Lahmheit und Schmerzhaftigkeit. Es versucht, den betroffenen Huf nicht auf den Boden zu stellen, sondern berührt diesen höchstens mit der Hufspitze. Sind die Schmerzen zu stark, kann es sein, dass sich dein Pferd hinlegen wird und nicht aufstehen möchte. Der betroffene Huf fühlt sich deutlich wärmer an als die anderen Hufe. Beim Hufgeschwür pulsieren zudem die Mittelfußarterien. Fühlst du hier also eine Pulsation, deutet das auf einen Entzündungsprozess im Huf hin.

Tipp

Eine Infektion im Pferdekörper wird häufig von Fieber begleitet. Daher solltest du die Temperatur messen und als Sofortmaßnahme dein Pferd in eine dick eingestreute Spänebox stellen und einen weichen Hufverband anlegen. Informiere sofort deinen Tierarzt. Dein Pferd sollte bis dahin in seiner Box bleiben.

HUFREHE

Hufrehe ist eine schmerzhafte Erkrankung des Hufbeinträgers und auch eine Form der Huflederhautentzündung, die nicht durch eine Infektion ausgelöst wird. Der Hufbeinträger verbindet die inneren Strukturen mit der äußeren Hornkapsel und ist daher enormen Kräften (Zug und Druck) ausgesetzt. Er ist bei Hufrehe besonders betroffen. Die Anzahl an Hufrehe erkrankter Pferde nimmt stetig zu. Einige Pferderassen sind empfindlicher für Hufrehe, besonders wenn sie an eine karge Ernährung gewöhnt sind.

Ursache für Hufrehe

Die Ursachen, die eine Hufrehe auslösen können, sind unterschiedlich:
Futter: eine unpassende Ernährung mit zu gehaltvollem Futter, insbesondere zu viel Kraft- und Saftfutter und ungünstige Weidebedingungen.
Zu wenig Bewegung: Wenn sich das Pferd nicht ausreichend bewegt und die aufgenommene Energie nicht verbrauchen kann.
Vergiftung: Eine Vergiftungsrehe kann durch Vergiftungen mit Pflanzen, Medikamenten oder schimmeligem Heu ausgelöst werden.
Geburt: Verbleibt ein kleiner Teil der Nachgeburt nach dem Abfohlen unbemerkt im Körper der Stute, kann das eine Geburtsrehe auslösen.
Belastung: eine Überbelastung kann eine Belastungsrehe auslösen.
Erkrankungen: bestimmte Gesundheitsprobleme wie EMS und Equines Cushing können das Risiko für Hufrehe erhöhen.

Akute Hufrehe

Einen akuter Reheschub kannst du an folgenden Warnzeichen erkennen.
Vorsichtiger Gang: Dein Pferd bewegt sich vorsichtig, macht kürzere Schritte, hat einen fühligen Gang oder zeigt eine Lahmheit. Die Lahmheit kann auf einer oder beiden Gliedmaßen auftreten.

Typisch ist der lange Zehenschnabel, der von der seitlichen Ansicht gut erkennbar ist. Die Trachten sind dabei eher zu hoch.

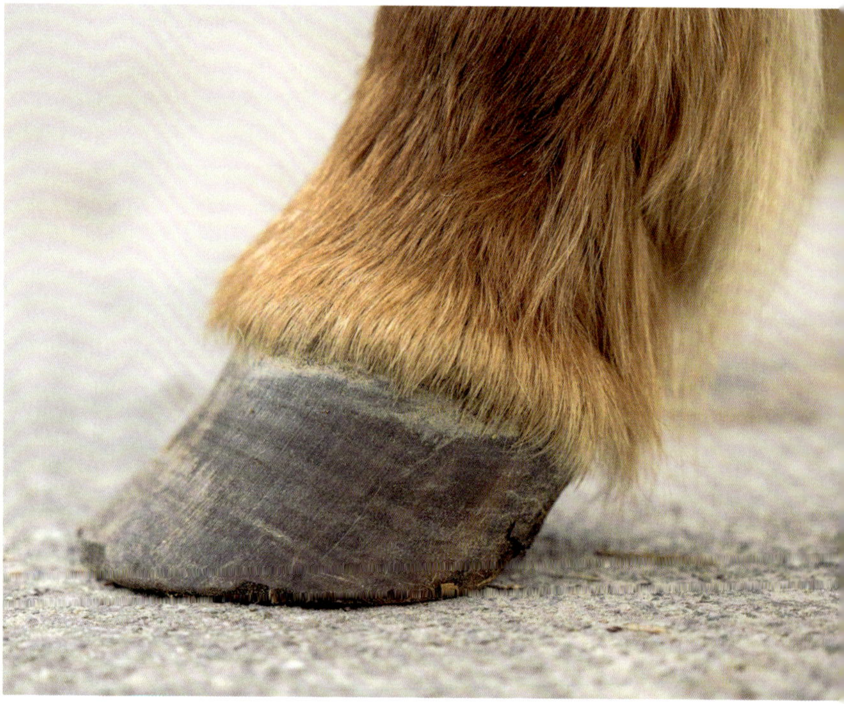

1 Deutlich erkennbare Ringstruktur in der Hufwand.

2 In der Sohle ist eine ringförmige Einblutung im Zehenbereich zu erkennen. Auch die Weiße Linie ist verbreitert und in ihrer Struktur zerstört.

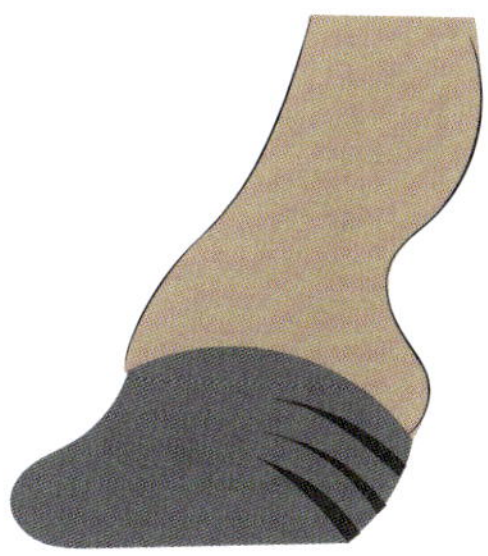

Extremform des Zehenschnabels: Der „Knollhuf". Ebenfalls zu erkennen sind im Trachtenbereich aufgefächerte Ringstrukturen, die ein typischer Hinweis für eine Hufrehe sind. Zu erkennen ist auch der abgesunkene Kronrand im Zehenbereich.

Unwilliges Laufverhalten: Dein Pferd vermeidet oder verweigert schnelle Gangarten und enge Wendungen komplett.
Kopfbewegung: Der Hals und Kopf sind tief gesenkt und dein Pferd streckt seinen Kopf nach vorne und nach unten.
Gewichtsverlagerung: Dein Pferd versucht, das Gewicht auf die Hinterbeine zu verlagern und möchte den Zehenbereich der Hufe nicht belasten. Du kannst ein Vor- und Zurückwippen von der Vorhand auf die Hinterhand beobachten.
Wechselnde Belastung der Hufe: Du siehst eine ständig wechselnde Belastung der Hufe. Dein Pferd kann nicht für längere Zeit auf beiden Vorderhufen gleichzeitig stehen. Über das ständige Verlagern seines Gewichts von links nach rechts versucht es dem Schmerz zu entgehen.
Einblutungen und Rötungen an der Sohle: Eine Rötung oder Einblutungen können im vorderen Sohlenbereich sichtbar sein.
Vermehrte Pulsation: Du kannst einen deutlichen Pulsschlag an der Mittelfußarterie des betroffenen Hufes fühlen.

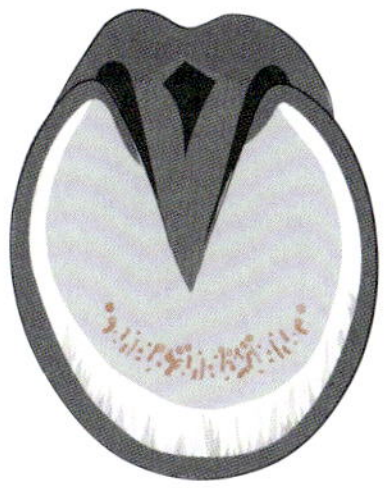

Veränderungen in der Sohle bei Hufrehe: Die Weiße Linie ist vor allem im Zehenbereich verbreiter und in ihrer Struktur geschädigt. In der vorderen Sohle sind ringförmige Einblutungen zu erkennen.

MERKE!

Lasse dir von deinem Hufbearbeiter oder Tierarzt zeigen, wie du die Pulsation fühlen kannst.

Hufrehe kann zu einer Lageveränderung des Hufbeins führen. Das Hufbein kann sich absenken und/oder rotieren. Oft findet auch eine Rotation der Hornkapsel statt. Die Infos zur Lage und Situation des Hufbeins sind wichtig für eine optimale Hufbearbeitung. Hierfür ist ein Röntgenbild empfehlenswert.

Sofortmaßnahmen

Tierarzt und Hufbearbeiter informieren: Hufrehe ist ein Notfall! Rufe sofort deinen Tierarzt und deinen Hufbearbeiter an. Sie sind die Experten und können dein Pferd schnell und effektiv unterstützen.
Weiche Box: Stelle dein Pferd separat in eine Box, die sehr dick mit Spänen eingestreut ist. Dein Pferd braucht einen extrem weichen Boden, mit der Möglichkeit, seine Hufe in den Untergrund einzugraben. So kann es den Druck an der Zehenwand entlasten und durch „Hin- und Herkippeln" den Schmerz erträglicher machen.

Fortgeschrittene und chronische Hufrehe

Hufrehe kann fortschreiten und chronisch werden. Bei schleichenden Verläufen hat sich die Hornkapsel weniger deutlich verändert und dein Pferd geht weniger sichtbar lahm. Chronische Hufrehe kannst du an folgenden Warnzeichen erkennen.

Fühliges Laufverhalten: Dein Pferd läuft nahezu auf allen Böden vorsichtig oder verhalten. Selbst mit einem Hufschutz ist die Fühligkeit nicht vollständig weg.
Unwilliges Laufverhalten: Je nach Tagesform verweigert dein Pferd schnellere Gangarten und Wendungen.
Häufiges Stolpern: Trotz regelmäßiger Hufbearbeitungen, einem passenden Hufschutz und gutem Training stolpert dein Pferd ohne ersichtlichen Grund.

Warnsignale am Huf bei Hufrehe

Hufrehe kann je nach Schweregrad und Verlauf deutliche Spuren am Huf hinterlassen. Dazu gehören diese Symptome.
Einblutungen und Rötungen: Bei der akuten und auch bei der chronischen Hufrehe können Rötungen oder Einblutungen im vorderen Sohlenbereich und der Hornwand sichtbar sein.
Weiße Linie: Sie ist verbreitert und in ihrer Struktur zerstört.
Schnabelige Hufform: Von der Seite ist ein langer Zehenschnabel sichtbar. Die Trachten sind dabei eher zu hoch.
Rillige Hufstruktur: Der Huf zeigt eine deutliche Ringstruktur der Hufwand und eine verschlechterte Hornstruktur und Hornqualität.
Flache Sohle: vor allem im vorderen Hufabschnitt.

Ursachenforschung bei Hufrehe

Gemeinsam mit deinem Tierarzt, Hufbearbeiter, Hufschmied oder anderen erfahrenen Experten solltest du unbedingt die Ursache für die Hufrehe identifizieren.

Ernährung überprüfen: Analysiere genau, was dein Pferd zu fressen bekommt und zögere nicht, dich mit einem Ernährungsexperten für Pferde in Verbindung setzen. Oft liegt das Problem bei zu viel Zucker und Stärke im Futter.

Nährstoffversorgung: Achte auf eine ausgewogene Mineralstoffversorgung, denn nur so kann dein Pferd das aufgenommene Futter auch richtig verwerten. Eine Analyse des Grundfutters zeigt dir eine mögliche Über- oder Unterversorgung an. Erst danach solltest du dich für ein Mineralfutter entscheiden. Wenn kein herkömmliches Mineralfutter passt, kannst du dir ein Mineralfutter speziell für dein Pferd zusammenstellen lassen.

Stress reduzieren: Versuche die Stressfaktoren aus der Sicht deines Pferdes zu finden. Was für uns harmonisch aussieht, kann für dein Pferd bereits Stress bedeuten.

RÜCKEN- UND REITPROBLEME

Wir haben ein letztes, spannendes Thema für dich, was auf den ersten Blick vielleicht wenig mit Hufen zu tun haben mag, aber eine wichtige Verbindung dazu hat!

Der Rücken deines Pferdes verbindet die Vorhand mit der Hinterhand. Du kannst dir diese Konstruktion wie eine Hängebrücke vorstellen. Die Brückenpfeiler sind die Vorder- und Hinterbeine deines Pferdes, die Hufe bilden das Fundament der Pfeiler und die Hängebrücke ist der Rücken deines Pferdes.

Als Reiter gibst du dein Gewicht auf diese Strukturen. Um dein Reitergewicht gleichmäßig auf den Rücken und damit auch auf die Gliedmaßen und Hufe zu verteilen, braucht dein Pferd einen starken und gesunden Rücken. Für eine tragfähige Rückenmuskulatur ist ein entsprechendes Training des Pferdes wichtig und natürlich auch ein passender Sattel.

1 Deutlich zu erkennen ist die schwache und zurückgebildete Rückenmuskulatur.

2 Deine Hand sollte sich immer in diesem Bereich unter dem Sattel bewegen können, sonst ist der Sattel zu eng für dein Pferd.

1

2

Viel freie Bewegung in abwechslungsreicher Landschaft stärkt die Muskulatur deines Pferdes.

Der Sattel muss so gestaltet sein, dass er dein Gewicht und den dadurch entstehenden Druck gleichmäßig verteilt. Ein falsches oder fehlendes Training, eine schlechte Reitweise und unpassendes Equipment können die Statik des Pferdes negativ beeinflussen und zu einer schwachen und zurückgebildeten Muskulatur führen. Rückenprobleme wirken sich auf die vorderen und hinteren Gliedmaßen und die Hufe aus.

Veränderungen bei einer schwachen Rückenmuskulatur können sein:

– Die Vorder- und Hintergliedmaßen werden mehr unter den Körper gestellt. Die Vorhand steht rückständig und die Hinterhand vorständig. Die Gliedmaßenstellung der Vor- und Hinterhand wirkt dadurch v-förmig. Damit versucht das Pferd Rücken- und Trageprobleme auszugleichen. Die Hufe der Vorhand werden steiler, die der Hinterhand flacher.

MERKE!

Auch deine eigene Anatomie hat einen großen Einfluss auf dein Pferd. Deine anatomischen Besonderheiten und dein Sitz übertragen sich beim Reiten auf dein Pferd und wirken so direkt auf seine Gliedmaßen und Hufe ein.

– Ein Huf der Vorhand verändert seine Form, da das Schulterblatt nicht mehr flüssig bewegt werden kann. Der Huf kann beispielsweise eine abgelaufene Zehe entwickeln.
– Longierst oder reitest du dein Pferd bevorzugt auf einer Hand, werden die Gliedmaßen und die Hufe dieser Körperseite mehr belastet als die andere. Durch die einseitige Belastung können die entsprechenden Hufwände steiler werden.

AUSBLICK

So wie sich Trainings- oder Sattelprobleme negativ auf die Gliedmaßen oder Hufe deines Pferdes auswirken können, kannst du durch ein gutes Training, passendes Equipment und einen guten Sitz, Probleme in der Balance deines Pferdes verbessern. Damit kannst du deinem Pferd helfen, einen leistungsstarken Körper mit guter Balance und gesunde Hufe zu entwickeln!

FÜR DEINE DOKUMENTATION

Auch für die Hufbeurteilung werden zunehmend digitale Anwendungen genutzt.

LEVEL 12

Hufe lesen

Jetzt kann es losgehen! Probiere dein neues Wissen aus und lese die Hufe deines Pferdes! Dabei helfen dir die Checkpunkte und die Checkliste. Mit der Checkliste kannst du wichtige Themen schnell und übersichtlich erkennen. Nutze sie für deine Beurteilung.

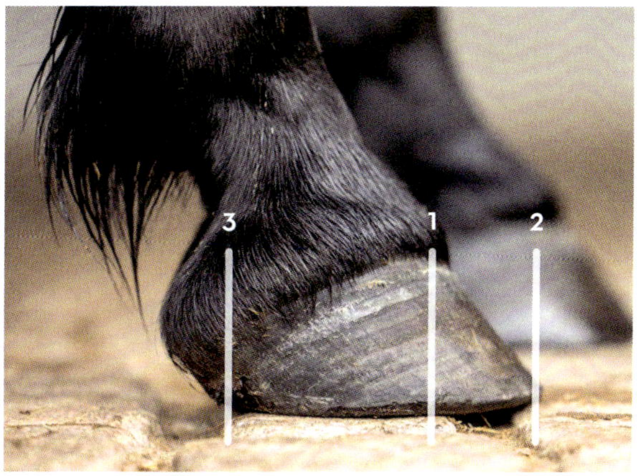

Linie 1: Lot vom vordersten Kronrandpunkt im Zehenbereich, Linie 2: Abrollpunkt des Hufes im Zehenbereich. Linie 3: letzter Berührungspunkt der Trachte mit dem Boden.

CHECKPUNKT 1

HUFSTELLUNG

Schritt 1: Säubere den Huf von innen und außen. Stelle das Pferd auf einen ebenen Untergrund. Blicke seitlich auf den Huf, den du beurteilen möchtest.
Schritt 2: Nimm ein Stück Kreide und setze sie am vordersten Kronrandpunkt im Zehenbereich an. Fälle anschließend ein Lot auf den Boden und verlängere es zu einem Strich – das ist Strich 1.
Schritt 3: Dort, wo der Huf vom Boden abrollt, ist die Hebelfläche des Hufes zu Ende. Ziehe hier einen weiteren Strich auf den Boden – das ist Strich 2.
Schritt 4: Dort, wo die Trachte zuletzt den Boden berührt, ist die Stützfläche des Hufes zu Ende. Ziehe einen weiteren Strich auf den Boden – das ist Strich 3.
Schritt 5: Vergleiche die Abstände der Striche zueinander.

Auswertung

Der passend stehende Huf: Die Länge von Strich 1 zu Strich 2 ist ein Drittel und die Länge von Strich 1 zu Strich 3 ist zwei Drittel der Gesamtlänge von Strich 2 zu Strich 3. Hier passen Hebel- und Stützfläche am Huf optimal zusammen.

Der zu flache Huf: Die Länge von Strich 1 zu Strich 2 ist etwa die Hälfte und die Länge von Strich 1 zu Strich 3 ist ebenfalls die Hälfte der Gesamtlänge von Strich 2 zu Strich 3. Hier ist die Hebelfläche des Hufes zu groß.

Der zu steile Huf: Die Länge von Strich 1 zu Strich 2 ist etwa ein Viertel und die Länge von Strich 1 zu Strich 3 ist etwa drei Viertel der Gesamtlänge von Strich 2 zu Strich 3. Hier ist die Stützfläche des Hufes zu groß.

CHECKPUNKT 2
HUFFORM

Schritt 1: Säubere den Huf von innen und außen. Hebe ihn so auf, dass du die Sohlenfläche gut betrachten kannst.

Schritt 2: Teile die Hufsohle in vier Viertel ein. Nimm die Huf-Schablone (Seite 45) zu Hilfe. Vergleiche Viertel 1 und 2 miteinander und Viertel 3 und 4. Suche die flache Hufwand (dort läuft der Tragrand in einem weiteren Bogen nach außen).

Schritt 3: Setze das Ergebnis von Checkpunkt 1 und 2 in Bezug zueinander.

Auswertung

Der Huf ist regelmäßig: Wenn kein Viertel erkennbar enger oder weiter ist.

Der Huf ist einseitig belastet: Wenn er zwei weite Viertel hat, die auf derselben Seite liegen (innen oder außen).

Der Huf ist diagonal: Wenn sich enge und weite Viertel diagonal gegenüberliegen.

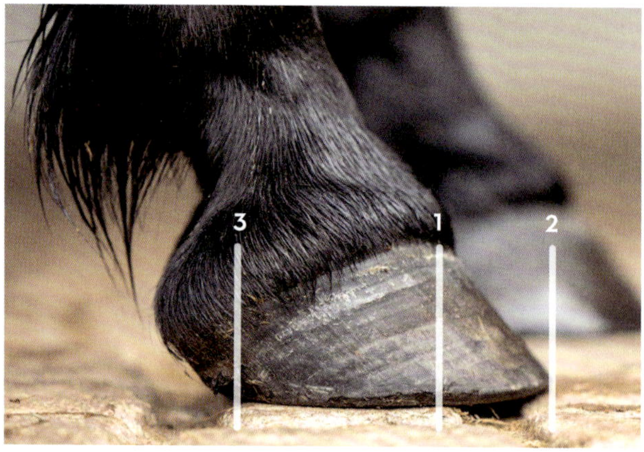

Hier passt es: Der Huf ist in Balance. Das Längenverhältnis der vorderen Strecke zur hinteren Strecke ist $1/3$ zu $2/3$.

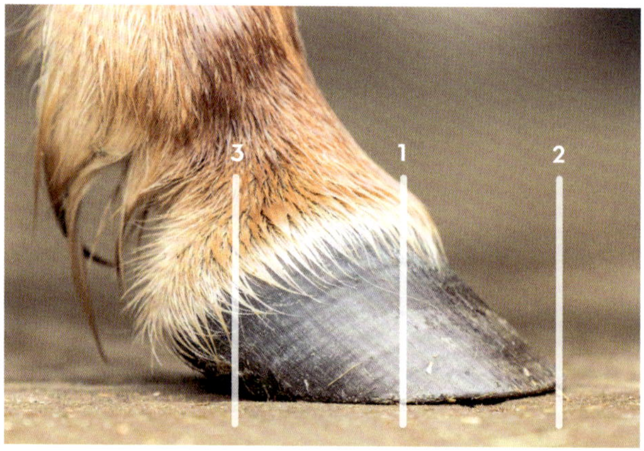

Hier passt es nicht: Der Huf ist zu flach. Das Längenverhältnis der vorderen Strecke zur hinteren Strecke ist etwa $1/2$ zu $1/2$.

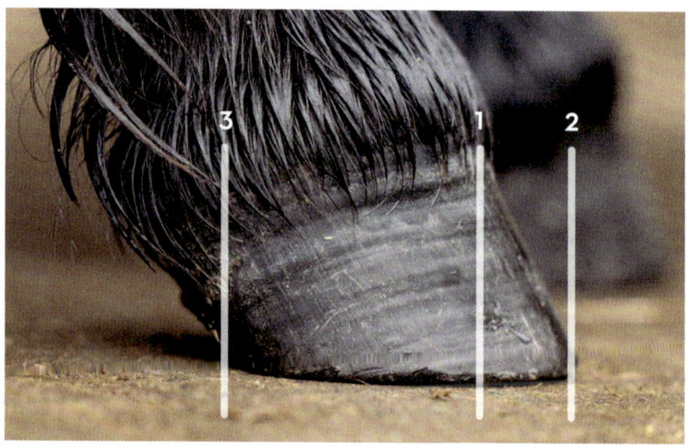

Hier passt es nicht: Der Huf ist zu steil. Das Längenverhältnis der vorderen Strecke zur hinteren Strecke ist $1/4$ zu $3/4$.

AUSWERTUNG DER HUFFORM

Mit der Analyse der Checkpunkte 1 und 2 erhältst du eine erste schnelle und wichtige Auswertung zu deinem Huf. Schaue dir die Auswertung in der Tabelle an. Gehe dann weiter zu Checkpunkt 3, um das Ergebnis zu verfeinern und noch mehr über dein Pferd zu erfahren.

AUSWERTUNGSERGEBNISSE

Einschätzung	Situation	Tipp
Sehr gute Situation	Dein Huf steht nach Checkpunkt 1 passend zum Fesselstand und zeigt nach Checkpunkt 2 eine regelmäßige Form.	Weiter so! Für dein Pferd passt alles!
Gute Situation	Der Huf steht nach Checkpunkt 1 passend oder nur leicht zu flach oder zu steil und ist nach Checkpunkt 2 nur leicht einseitig belastet oder diagonal belastet.	Achte auf regelmäßige Intervalle in der Hufbearbeitung, lasse sie nicht zu lang werden. Für die meisten Hufe liegt das passende Intervall bis zur nächsten Hufbearbeitung bei 4 bis 6 Wochen.
Befriedigende Situation	Der Huf steht nach Checkpunkt 1 merklich flach oder steil und zeigt nach Checkpunkt 2 eine erkennbare einseitige Belastung oder diagonale Form.	Zeigt sich dieses Ergebnis unmittelbar vor der nächsten Hufbearbeitung, dann ist das nicht beunruhigend. Tritt dieses Bild aber nach einer erfolgten Hufbearbeitung schnell wieder auf, dann spreche deinen Hufbearbeiter auf Verbesserungsmöglichkeiten an. Kläre mit ihm oder anderen Experten mögliche Ursachen in der Anatomie, Haltung oder Bewegung des Pferdes. Werden hier mögliche Ursachen nicht gefunden, können langfristig Erkrankungen auftreten.
Problematische Situation	Der Huf steht nach Checkpunkt 1 auffällig zu flach oder zu steil und zeigt zudem nach Checkpunkt 2 eine deutliche einseitige Belastung oder diagonale Form.	Dieses Pferd benötigt kurze Bearbeitungsintervalle in der Hufpflege. Der Hufbearbeiter sollte mögliche Ursachen für die deutlichen Abweichungen des Hufes klären, gegebenenfalls auch in Zusammenarbeit mit weiteren Experten. Ein Vorliegen von Erkrankungen kann hier nicht ausgeschlossen werden. Lass dich hierzu unbedingt beraten. Pferdetherapeuten und Tierärzte sind gute Ansprechpartner.

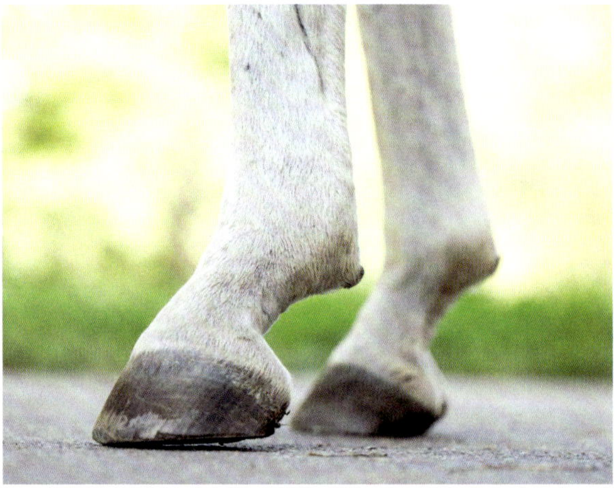

Das Pferd entlastet den hinteren Hufbereich.

CHECKPUNKT 3
WELCHE AUFÄLLIGKEITEN ZEIGT DER HUF?

Je mehr Punkte auf einen Huf zutreffen, desto stärker ist der Huf der zuvor genannten Kategorie „problematische Situation“ zuzuordnen! Hier findest du die Auflistung möglicher Probleme.

Problem	Vermutung	Tipp
1 **Zehenhornspalt**	Der Huf steht zu flach. Beim Abfußen kommt zu viel Druck auf die Zehe. Eventuell liegt auch eine alte, schlecht ausgeheilte Verletzung im Kronrand als Ursache vor.	Überprüfe den Fesselstand. Ist der Huf zu flach, sollte im Zehenbereich der Tragrand gekürzt werden. Dies kann aber nur erfolgen, wenn dort genug Hornmaterial vorhanden ist und das Pferd nicht dazu neigt, fühlig zu gehen. Der Zehenspalt sollte sauber ausgeschnitten und aus der Last genommen werden. Eventuell ist auch ein Hufschutz in Betracht zu ziehen.
2 **Keine, flache oder untergeschobene Trachten.**	Der Huf steht zu flach. Die zu lange Zehe bringt zu viel Last auf die Trachtenwand, die sich unter den Huf schiebt. Die Trachtenwand hat kaum Höhe. Ein breiter, überlasteter Strahl ist ebenfalls zu vermuten.	Überprüfe den Fesselstand. Ist der Huf zu flach, sollte der Tragrand im Zehenbereich gekürzt werden. Dies kann aber nur erfolgen, wenn dort genug Hornmaterial vorhanden ist und das Pferd nicht dazu neigt, fühlig zu gehen. Die Trachten sollten bearbeitet, geöffnet, zurückversetzt oder gekürzt werden. Da die zu lange Zehe die direkte Ursache für flache und untergeschobene Trachten ist, ist eine Bearbeitung der Trachten allein nicht ausreichend. Als weitere übergeordnete Ursachen sind Probleme in der Anatomie oder Erkrankungen des Pferdes denkbar. Sie können dazu führen, dass der Huf „von oben kommend“ im Trachtenbereich zu stark belastet wird. Diese Zusammenhänge sollten mit einem Experten geklärt werden.

Problem	Vermutung	Tipp
3 **Breiter Strahl, die mittlere Strahlfurche ist kaum oder nicht ausgebildet.**	Der Huf steht zu flach. Bei einem flachen Huf liegt zu viel Druck auf dem Strahl, wodurch er breiter wird.	Überprüfe den Fesselstand. Ist der Huf zu flach, sollte der Tragrand im Zehenbereich gekürzt werden. Dies kann aber nur erfolgen, wenn dort genug Hornmaterial vorhanden ist und das Pferd nicht dazu neigt, fühlig zu gehen. Der Huf sollte steiler gestellt werden, um den Strahl zu entlasten. Ein zu breiter Strahl verliert seine Stoßdämpfung und kann zu einer Fühligkeit oder Lahmheit führen. Es gibt aber auch rassetypische Ausgangssituationen. Kaltblutpferde und schwere Pferde tendieren von Natur aus zu einem breiteren Strahl.
4 **Rötungen/Einblutungen in Sohle oder Strahl.**	Der Huf steht zu flach. Rötungen (Hämatome) in der Sohle sind meist unbedenklich und können auch auf Einblutungen durch punktuell zu hohen Druck oder zu starker Belastung, z. B. durch das Treten auf Schottersteine, zurückzuführen sein. Rötungen können aber auch Anzeichen für Hufrehe oder physiologische Probleme sein.	Überprüfe den Fesselstand, steht der Huf zu flach? Überprüfe den Futterplan und die Haltungsbedingungen. Schaue dir das Gangbild an. Geht das Pferd schlecht in Wendungen? Gangprobleme verstärken den Verdacht auf ein physiologisches Problem. Wenn du nicht sicher bist, ziehe unbedingt einen Experten hinzu.
5 **Der Hufstrahl zieht sich weit vor in Richtung der Hufspitze.**	Doppelte Sohle. Das Bearbeitungsintervall ist zu lang oder die Hufbearbeitung ungenügend. Der Huf ist wahrscheinlich zu flach und hat „beim Flachwerden“, den Hufstrahl mit „nach vorne verzogen“.	Überprüfe den Fesselstand, steht der Huf zu flach? Wenn du in der Sohle viel Horn- oder Hornplatten erkennen kannst, ist der Huf wahrscheinlich zu flach.

Ausgebrochene seitliche Hufwand

Problem	Vermutung	Tipp
6 **Spalten und Risse allgemein.**	Schlechte Hornqualität. Ungünstige Gliedmaßenstellungen. Zu lange Bearbeitungsintervalle. Möglich ist auch eine ältere Verletzung im Kronrandbereich.	Bearbeitungsintervalle verkürzen. Die Balance des Hufes sollte insgesamt verbessert werden. Prüfe, ob durch eine bessere Ernährung der Huf gestärkt werden kann. Lasse dich von einem Experten beraten.
7 **Der Huf ist im Trachtenbereich hoch und eng.**	Bockhuf, Zwanghuf oder steiler Huf. Möglich ist die Entlastung des Hufes aufgrund einer Erkrankung oder einer Gliedmaßenstellung, die mehr Last auf den Zehenbereich des Hufes bringt und damit den Trachtenbereich entlastet. Wenig Bewegung kann diese Hufe ebenfalls fördern. Es kann sich aber auch um einen angeborenen oder erworbenen Bockhuf handeln.	Jede Ursache benötigt ein anderes Vorgehen und muss deshalb unbedingt geklärt werden. Ein zu starkes, unbedachtes Kürzen der Trachten kann die Situation verschlimmern! Bevor dieses Problem bei der Hufbearbeitung angegangen wird, sollte die Ursache herausgefunden werden.
8 **Der Strahl ist verkümmert und es bildet sich immer wieder Fäulnis.**	Zwanghuf oder zu steiler Huf. Der Strahl hat nie die Chance im Bewegungsablauf Bodengegendruck zu erhalten. Schlechte Stallhygiene und fehlende Bewegung können ebenfalls eine Ursache sein, insbesondere dann, wenn der Huf eigentlich nicht zu steil steht.	Überprüfe den Fesselstand. Grundsätzlich sollte die Hygiene verbessert und mehr Bewegungsmöglichkeiten für das Pferd geschaffen werden. Sind die Trachten zu hoch, sollten sie gekürzt werden, aber nicht ohne Einschätzung eines Experten, sonst kann die Situation verschlechtert werden. Er muss die Ursachen für das Entstehen zu hoher Trachten klären. Zudem sollte er abschätzen, wie weit der geschädigte Strahl durch Kürzen der Trachten mehr belastet werden kann, ohne schmerzhaft zu reagieren.
9 **Der Strahl liegt in einer tiefen Furche, die Strahlfurchen sind leicht gammelig.**	Doppelte Sohle. Das Bearbeitungsintervall ist zu lang oder die Hufbearbeitung ungenügend. Eventuell auch zu hohe Trachten.	Sohle besser ausschneiden. Trachten passend kürzen und stellen, insofern unbedenklich.
10 **Eine oder beide Zehen sind auf einer Hand abgelaufen.**	Bewegungsstörung und Erkrankung der Gliedmaße. Bewegungsprobleme im Rumpfbereich. Ist nur eine Zehe abgelaufen, kann das Problem eher im Bereich dieser Gliedmaße liegen. Möglich sind auch zu flache Hufe auf der Vorhand, die bremsend auf die Bewegung der Hinterhand wirken.	Check des Pferdes durch einen Tierarzt oder Therapeuten, eventuell nach dessen Einschätzung auch den Sattel überprüfen.

Auf der Sohle liegende Eckstreben

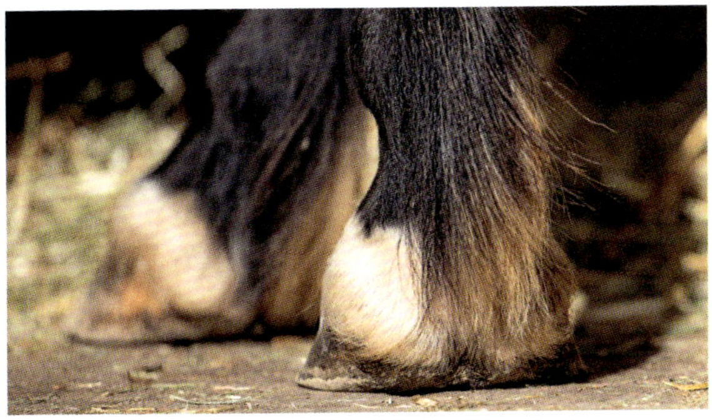

Geringe Trachtenhöhe

Problem	Vermutung	Tipp
11 **Die Hufwand zeigt punktuelle Einblutungen (Hämatome).**	Anstoßen oder Schlag bei Bewegung des Pferdes. Möglich ist auch eine zu flache oder steile Hufwand, die Quetschungen verursacht.	Punktuelle Einblutungen heilen meist unproblematisch aus und der betroffene Bereich wächst heraus. Es sollte jedoch die Haltung und Nutzung auf mögliche Ursachen für ein Anschlagen überprüft werden. Verursachen zu flache Hufwände die Quetschungen und Rötungen, muss die Hufbearbeitung verbessert werden, damit die Hufwände nicht aus der Balance geraten.
12 **Der Huf ist deutlich einseitig belastet oder deutlich diagonal mit negativen Wänden im Trachtenbereich.**	Bewegungsstörung aufgrund einer Erkrankung. Ungünstige anatomische Verhältnisse durch ungünstige Gliedmaßenstellungen. Zu lange Bearbeitungsintervalle.	Bearbeitungsintervalle verkürzen. Mit dem Tierarzt oder Therapeuten sollte geklärt werden, ob Erkrankungen vorliegen, die zu einer einseitigen oder diagonalen Hufsituation führen. Eventuell kann die Gliedmaßensituation therapeutisch stabilisiert oder verbessert werden.
13 **Bröckelige Hornstruktur in der Hufwand.**	Ungenügende Bewegung. Fehlerhafte Ernährung. Schlechte Haltung.	Mehr Bewegungsmöglichkeiten auf unterschiedlichen Böden schaffen. Futterüberprüfung, gegebenenfalls Ernährungsberatung, eventuell Blutbild. Hygiene verbessern. Bei der Hufbearbeitung sollten die betroffenen Hufbereiche vorbeugend bearbeitet werden.
14 **Die Sohle bröckelt heraus.**	Doppelte Sohle. Liegt eine doppelte Sohle vor, ist der Huf oft auch zu flach. Zu lange Bearbeitungsintervalle. Möglich ist auch eine Pilzinfektion.	Bearbeitungsintervalle verkürzen. Bessere Hygiene, um Fäulnis vorzubeugen. Fesselstand überprüfen. Bei der Hufbearbeitung sollten die flachen Hufe korrigiert und die Sohle besser ausgeschnitten werden.

Problem	Vermutung	Tipp
15 **Ein vertikaler Spalt oder eine Hornkluft.**	Hornkluft, Verletzung durch Anschlagen des Kronrandes oder nach einem Hufgeschwür. Ein Sonderfall ist das erkrankte oder ältere Pferd, das oft die Hinterhand nicht mehr richtig anheben kann und dann den Huf an Vorsprüngen anschlägt. Hier bilden sich immer wieder vom Kronrand herunterwachsende vertikale Spalten und Löcher neu.	Die Hornkluft wächst in der Regel von allein problemlos heraus. Ist die Hornkluft durch Anschlagen entstanden, sollten die Haltungsbedingungen überprüft werden: Gibt es irgendwo Kanten, wo das Pferd sich anschlagen kann? Hufglocken können den Kronrand schützen.
16 **Die Sohle ist sehr flach oder hat gar keine Wölbung.**	Physiologische Probleme. Anzeichen für Hufrehe. Huf mit flacher Sohle, Vollhuf. Starker Hinweis: Das Pferd läuft öfter oder je nach Untergrund fühlig.	Ursache abklären lassen. Je nach Ursache ergeben sich unterschiedliche Bearbeitungsansätze für den Huf und ggfs. weiterführende Maßnahmen. Harte Böden und Überlastung des Hufes vermeiden, um einer Huflederhautentzündung vorzubeugen.
17 **Der Huf zeigt ein Rillenmuster.**	Physiologische Probleme. Ernährungsproblematik. Auch Anzeichen für Hufrehe. Schlechtes Futter. Medikamentengabe. Wechsel Haltung und Bodenbeschaffenheit.	Ursache abklären lassen. Unbedingt die Futterqualität überprüfen und Futtermengen hinterfragen. Je nach Ursache ergeben sich unterschiedliche Ansätze für die Haltung, Ernährung oder Hufbearbeitung. Eine weiterführende tierärztliche Betreuung ist ggfs. erforderlich, da auch Probleme im Organbereich, z. B. der Leber, vorliegen können.
18 **Die Hufwand zeigt ringförmige Einblutungen, die besonders bei hellen Hufen gut zu erkennen sind.**	Physiologische Probleme. Organische Probleme. Anzeichen für Hufrehe. Schlechtes Futter.	Ursache abklären lassen. Unbedingt die Futterqualität überprüfen und Futtermengen hinterfragen. Je nach Ursache ergeben sich unterschiedliche Ansätze für die Haltung, Ernährung oder Hufbearbeitung. Eine weiterführende tierärztliche Betreuung ist ggfs. erforderlich, da auch Probleme im Organbereich, z. B. der Leber, vorliegen können. Rote, ringförmigen Einblutungen, die aus dem Kronrandbereich herunterwachsen, zeigen, dass die Problematik noch aktiv ist.

Problem	Vermutung	Tipp
19 **Die Weiße Linie ist aufgezogen, zerstört und teilweise eingeblutet.**	Physiologische Probleme. Erkrankung der Weißen Linie. Anzeichen für Hufrehe. Auch zu flache Hufwände können die Weiße Linie aufziehen und Einblutungen verursachen (hier wirkt die Weiße Linie aber nicht grundsätzlich zerstört). Auch weiterführende Erkrankungen der Weißen Linie sind möglich.	Physiologische Ursachen, wie Hufrehe zuerst abklären lassen. Hufe bei der Bearbeitung steiler stellen, insofern nur eine zu lange, flache Zehe die Ursache ist. Hierbei muss der Tragrand gekürzt werden können, ohne dass das Pferd anschließend fühlig geht. Haltungsbedingungen und Hygiene überprüfen.
20 **Der Huf schnabelt an der Zehe deutlich aus: „Clownschuhartige Zehe".**	Hufrehe. Extrem vernachlässigte Hufbearbeitung.	Auf den Befund abgestimmte Hufbearbeitung. Bei Hufreheverdacht Tierarzt hinzuziehen.
21 **Pferd lahmt, möchte den Huf nicht belasten. Das Pferd stockt in der Wendung. Eine Pulsation der Mittelfußarterie und Wärme am Huf sind vorhanden.**	Hufgeschwür. Möglich sind auch Verletzungen in der inneren Hufstruktur.	Ein Hufgeschwür darf nur durch einen Tierarzt oder unter Anweisung des Tierarztes eröffnet werden.

Das Weidemanagement kann die Hufe beeinflussen.

Checkliste für das Hufe lesen

Bewerte jeden einzelnen Huf mithilfe dieser Checkliste. Wenn du Fragen hast, findest du weitere Infos in Level 8 und 10. Werte wie folgt aus.

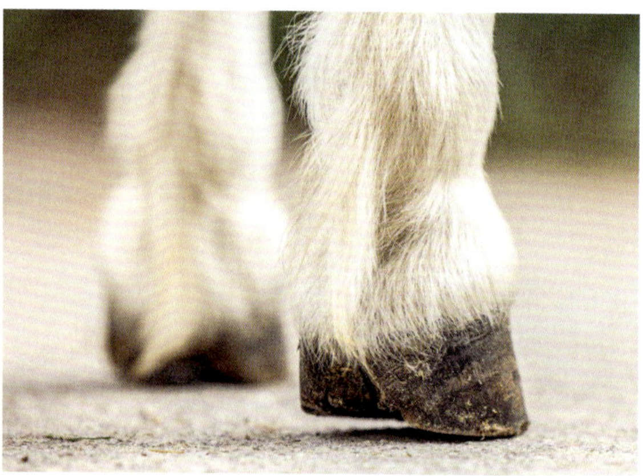

Huf mit Außenfussung

0 – 1 MINUSPUNKTE: SEHR GUTE SITUATIION

Herzlichen Glückwunsch, deinem Pferd geht es bestens! Kein farbig markierter Problempunkt betroffen.

2 – 3 MINUSPUNKTE: GUTE SITUATION

Sind die betroffenen Problempunkte nicht rot, können sie mit der nächsten Hufbearbeitung korrigiert werden. Kein farbig markierter Problempunkt betroffen.

4 – 6 MINUSPUNKTE: BEFRIEDIGENDE SITUATION

Der Huf deines Pferdes deutet mehrere Probleme an. Prüfe, ob sich diese Punkte nach der nächsten Hufbearbeitung verbessert haben oder verschwunden sind. Ist dies nicht der Fall, besteht Handlungsbedarf. Sind ein oder mehr rote Problempunkte betroffen, berate dich mit einem Experten.

7 UND MEHR MINUSPUNKTE: PROBLEMATISCHE SITUATION

Der Huf deines Pferdes zeigt ernst zu nehmende Probleme. Erkrankungen können nicht ausgeschlossen werden. Sind mehrere rote Problempunkte betroffen, berate dich dringend mit einem Experten.

Problempunkt	0 Punkte	Minuspunkt	Minuspunkte eintragen	Siehe Seite
Der Huf ist sehr steil	Nein	Ja		82
Der Huf ist sehr flach	Nein	Ja		82
Zehenhornspalt vorhanden	Nein	Ja		83, 85
Abgelaufene Zehe	Nein	Ja		104
Schnabelartige Zehe	Nein	Ja		112
Seitliche Risse/ Spalten	Nein	Ja		86
Bröckelige Hufwand	Nein	Ja		74
Die Trachten sind untergeschoben	Nein	Ja		19, 77
Die Trachten sind hoch/eng	Nein	Ja		53, 82
Rillen und Ringe in der Hornwand	Nein	Ja		113
Ringförmige Rötungen in der Hufwand	Nein	Ja		113, 114
Punktuelle Einblutungen in der Hornwand	Nein	Ja		114
Hornkluft	Nein	Ja		106

Problempunkt	0 Punkte	Minuspunkt	Minuspunkte eintragen	Siehe Seite
Sehr einseitig belasteter Huf	Nein	Ja		47, 50
Sehr diagonaler Huf	Nein	Ja		49, 51
Breiter Strahl	Nein	Ja		96
Verkümmerter/ fauler Strahl	Nein	Ja		23, 53, 94
Strahl sitzt in tiefer Furche	Nein	Ja		53, 94
Hufstrahl weit vorne	Nein	Ja		96
Flache Sohle	Nein	Ja		91
Vorgewölbte Sohle	Nein	Ja		93
Bröckelige Sohle	Nein	Ja		21, 92
Rötungen Sohle	Nein	Ja		113
Weiße Linie breit, aber kompakt	Nein	Ja		24
Weiße Linie breit, zerrissen/gerötet	Nein	Ja		24
Punkte insgesamt:				

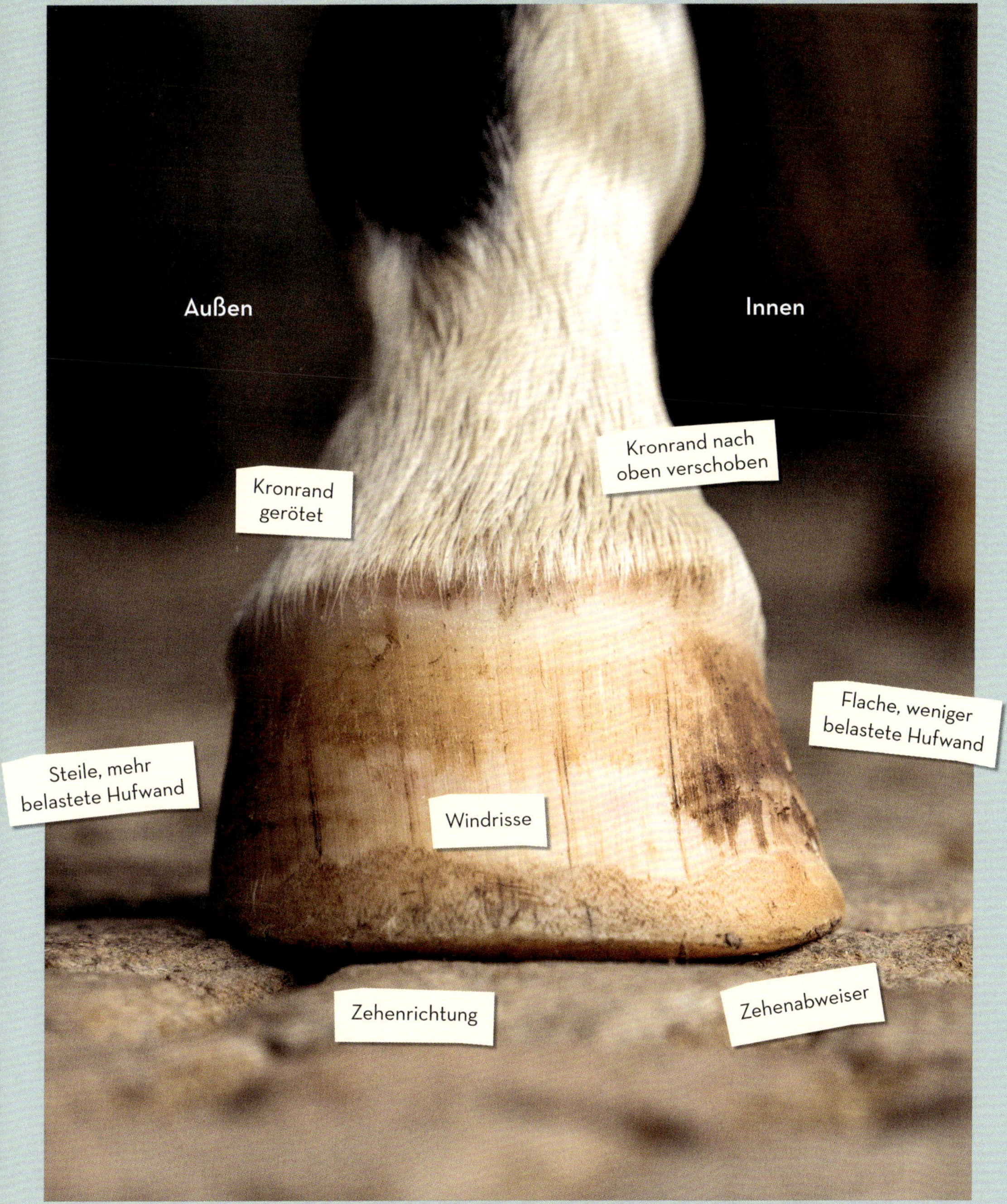

GEMEINSAM ANALYSIEREN WIR DIESEN HUF

Das Hufbild zeigt den rechten Vorderhuf. Seit der letzten Bearbeitung sind sieben Wochen vergangen. Diesen Huf schauen wir uns nun genauer an. Wir zeigen dir Schritt für Schritt, wie du zu einem Ergebnis kommst.

Huf-Steckbrief

Die Checklisten in diesem Buch sollen dir helfen, Hufe besser zu verstehen. An einem Beispiel zeigen wir dir, wie du die Hufe deines Pferdes analysieren und einen Huf-Steckbrief erstellen kannst.

DAS PFERD

Vollblutaraber,
Wallach, 18 Jahre,
Freizeitpferd

SCHRITT 1

LESE DIE HUFWAND UND KLÄRE DIE BELASTUNGSSITUATION

Das Bild auf Seite 131 zeigt dir den rechten Vorderhuf. Schaue dir als Erstes an, welche Hufhälfte mehr belastet wird.
Du erkennst: Die äußere Hufwand ist steiler. Sie verläuft stärker senkrecht in Richtung Boden. Sie ist mehr belastet. An dieser Hufwand ist auch die Zehenrichtung gut zu erkennen. Das Pferd fußt hier ab. Die innere Hufwand ist länger und verläuft in einem flacheren Winkel. Diese Hufwand ist weniger belastet. Am Ende dieser Hufwand ist der Tragrand weniger abgelaufen. Hier befindet sich der Zehenabweiser. An dieser Stelle fußt das Pferd in der Bewegung nicht ab.

Welche Vermutungen kannst du anstellen?

Der Huf könnte entweder einseitig oder diagonal belastet sein. Um diese Frage zu klären, schaue dir den Huf später in Schritt 2 von unten an. Du kannst aber bereits jetzt folgende Vermutungen anstellen.

Welche Gliedmaßenstellung und welches Gangbild sind wahrscheinlich?

Ist der Huf einseitig belastet:
– dann hat das Pferd eine nach innen gerichtete Gliedmaßenstellung,
– steht es sehr wahrscheinlich bodeneng,
– zeigt es vermutlich einen bügelnden Gang.
Ist der Huf diagonal belastet:
– dann zeigt die Gliedmaße in ihrem Verlauf eine Rotation,
– ist die Rotation im Verlauf der Gliedmaße häufig ab dem Vorderfußwurzelgelenk oder dem Fesselgelenk zu erkennen,
– kann auch eine Rotation im Schulterbereich möglich sein.

Auch auf der Weide kannst du die Fußung deines Pferdes gut beobachten.

Windrisse: Das helle Hufhorn zeigt in seiner Wand feine, vom Kronrand in Richtung Tragrand verlaufende Risse. Diese Risse sind nur oberflächlich und dringen nicht tief in die Hornwand ein. Sie werden auch als Windrisse bezeichnet. Windrisse sind an vielen Hufen zu erkennen. Meistens siehst du sie am hellen Huf deutlicher. Für den Huf und das Pferd sind sie in der Regel unbedenklich. In den trockenen Jahreszeiten treten sie übrigens verstärkt auf. Bei feuchter Witterung, im Herbst oder Winter sind sie kaum zu erkennen. Bedenklich sind Windrisse dann, wenn sie in großer Zahl ganzjährig auftreten. Dies kann ein Hinweis auf eine zu trockene Haltungsform, zu flache Hufe oder auch eine nicht optimale Ernährungssituation sein.

Geröteter Kronrand: Am Kronrand kannst du bei diesem Huf eine leichte Rötung erkennen. In diesem Bereich wird das Wandhorn neu gebildet. Der Stoffwechsel ist hier sehr aktiv. Rötungen in diesem Bereich können auf Probleme oder Besonderheiten im Stoffwechsel hindeuten. Findest du diese Rötungen an allen Hufen, verstärkt dies den Verdacht eines Stoffwechselproblems. Der Kronrand ist allerdings auch ein sehr empfindlicher Bereich. Eine mögliche Ursache für die Rötung könnte auch eine allergische Reaktion oder eine mechanische Reizung sein, beispielsweise durch Hufglocken, die im Kronrandbereich reiben.

Kronrand nach oben verschoben: Der innere Kronrand ist nach oben verschoben. Die Ursache hierfür ist die zu lange und zu flache innere Hufwand. Kronränder können aus verschiedenen Gründen nach oben verschoben werden.

Welche Erkrankungen können auftreten?

Ist der Huf deutlich einseitig belastet:

- dann werden die äußeren Bereiche der Gliedmaße stärker belastet,
- können Arthrosen in den Gelenken entstehen,
- können die Hufknorpel Verknöcherungen zeigen.

Ist der Huf deutlich diagonal belastet:

- dann werden zudem Bänder, Sehnen und Muskeln stärker belastet.

Welche Auffälligkeiten zeigt der Huf?

Um weitere Informationen über die Hufform zu sammeln, schau dir den Huf nochmal genauer von vorne an.

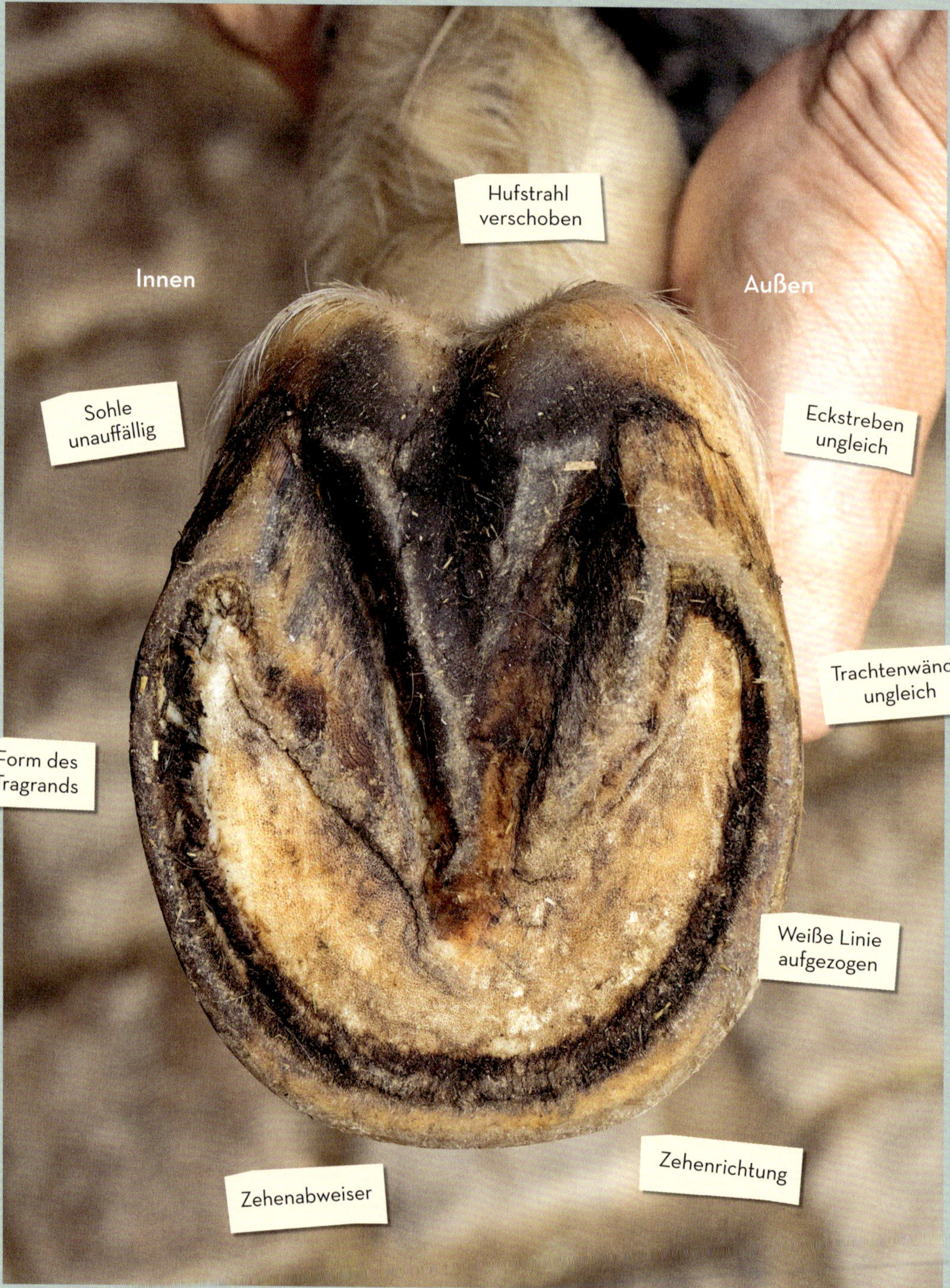

DIE HUFSOHLE

Der Blick von unten hilft dir, die Hufform abschließend zu beurteilen.

SCHRITT 2
LESE DIE HUFSOHLE

Um weitere Hinweise zur Hufform zu erhalten, schaue dir den Huf von unten an.

Die Hufform

Durch den Blick von unten auf den Huf kannst du die Hufform abschließend beurteilen. Auf dem Bild ist zu erkennen, dass der Tragrand im Bereich der inneren Trachtenwand in einem weiteren Bogen verläuft. Dieser Bereich der Hufwand ist flacher und daher weniger belastet. An der äußeren Trachtenwand siehst du, dass diese Wand in einem steileren Winkel verläuft. Dieser Bereich der Hufwand ist mehr belastet. Damit kannst du nun die Frage klären, ob es sich hier um einen einseitig oder diagonal belasteten Huf handelt: Der Huf ist einseitig belastet, er ist halbweit (innere Hufhälfte) und halbeng (äußere Hufhälfte).

Jetzt weißt du: Das Pferd steht auf seiner Vorhand mit einem nach innen gerichteten Verlauf der Gliedmaße. Es steht sehr wahrscheinlich bodeneng und zeigt vermutlich die Tendenz zu einem bügelnden Gang.

An der Sohle kannst du noch weitere Veränderungen erkennen, die dir zeigen, dass dieser Huf einseitig belastet wird. Hierzu gehören die Eckstreben und der Hufstrahl.

Die Eckstreben

Die Eckstreben sind ein Teil der Hufwand. Im hinteren Bereich des Hufes ist die Hufwand nach innen in Richtung Hufmitte umgeklappt und bildet so die Eckstreben. Ihre Orientierung steht immer in Bezug zu der dazugehörigen Hufwand. Im flachen, weiteren Hufbereich legen sich die Eckstreben schneller und stärker auf die Hufsohle. Daher siehst du bei flachen Hufwänden die Eckstrebenwand deutlicher. Ist der hintere Hufbereich enger und die Trachtenwand steiler, dann tritt die Eckstrebenwand steiler und aufrechter aus der Tiefe der seitlichen Strahlfurche hervor.

Du erkennst: Die innere Eckstrebe ist flacher und zeigt dir damit, dass die innere Trachtenwand flacher ist. Die äußere Eckstrebe steht steiler, daher ist auch die äußere Hufwand steiler.

Der Hufstrahl

Bei diesem Huf hat der Strahl seine Lage verändert. Er ist nicht mehr mittig im Huf positioniert, sondern in

Ein Pferd mit bodenengem Gangbild belastet die Hufaußenseite stärker.

Richtung der weiteren Hufhälfte und damit in Richtung der flachen Hufwand verschoben. Daher ist die seitliche Strahlfurche auf der weiten, inneren Hufhälfte verengt. Die seitliche Strahlfurche auf der engen, äußeren Hufhälfte ist gleichzeitig aufgezogen und vergrößert.
Du erkennst: Dieser Effekt entsteht durch den stärkeren Belastungsdruck beim Aufkommen auf der äußeren Hufhälfte. Die höhere Belastung drückt den Strahl in Richtung der weniger belasteten, inneren Hufhälfte. Verstärkt wird der Effekt noch weiter, wenn der Huf beim Aufkommen auf der äußeren Hufwand auch über den Boden nach außen rutscht, was z. B. bei einem bügelnden Gang der Fall sein kann. Das wiederum verschiebt den Strahl auf die innere Seite des Hufes.
Diese drei Merkmale haben dir verraten, dass der Huf einseitig belastet ist:
– die flache, innere Trachtenwand,
– die flache, innere Eckstrebenwand,
– der verschobene Strahl.
Aber auch an der Hufsohle sind noch weitere Besonderheiten zu erkennen, die mit den Auffälligkeiten, die du beim Blick auf den Huf von vorne erkannt hast, in Verbindung stehen.

Die Hufsohle

Die Struktur der Hufsohle macht einen kompakten, geschlossenen Eindruck. Eine leichte Wölbung der Sohle ist vorhanden, jedoch nicht stark ausgeprägt. Ein leichtes Zerfallshorn liegt in der Sohle, im Bereich der Strahlspitze. Hier schiebt sich das Eckstrebenhorn in den Sohlenbereich. Die Situation der Sohle ist gut und bereitet dem Pferd keine Probleme.

Die Weiße Linie

Die Weiße Linie wirkt nicht in allen Bereichen einheitlich und geschlossen. Leichte Störungen einer einheitlichen Struktur sind zu erkennen.
Du erkennst: Hier könnte ein Zusammenhang mit den Rötungen im Kronrand bestehen. Die Weiße Linie ist sehr „stoffwechselempfindlich". Das verstärkt die Vermutung, dass die Rötungen im Kronrand eine stoffwechselbedingte Ursache haben. Eine weitergehende Klärung wäre anzuraten.

HANDLUNGSEMPFEHLUNG

Damit die Belastung des Hufes nicht zu einseitig wird, sind regelmäßige Bearbeitungsintervalle bei diesem Pferd besonders wichtig. So kann auch möglichen Folgeerkrankungen vorgebeugt werden.

DER HUF-STRECKBRIEF

Deine Analyse führt für diesen Huf zu folgendem Steckbrief:

Der Huf macht insgesamt einen guten Eindruck,

das Pferd belastet den Huf einseitig, woraus sich seine individuelle Form entwickelt,

die Rötungen im Kronrand und eine nicht optimale Struktur der Weißen Linie deuten auf ein mögliches Stoffwechselproblem oder eine Erkrankung hin.

SERVICE

NÜTZLICHE ADRESSEN

LTZ – Lehrinstitut Zanger
Dr. Michael Zanger
Martin-Luther-Straße 2
64683 Einhausen
Tel. +49 (0) 151 / 14 95 25 25
E-Mail: info@zanger-pferd.de (für Kursanfragen)
www.ltz-akademie.de

DHV – Deutscher Hufpflege & Huftechnik Verband e. V.
Martin-Luther-Straße 2
D-64683 Einhausen
www.hufpflege-verband.de

SHV – Schweizerischer Hufpflege Verband
Landstraße 2a
CH-5524 Nesselnbach
E-Mail: info@hufpflege-verband.ch
www.hufpflege-verband.ch

FN – Deutsche Reiterliche Vereinigung
Freiherr-von-Langen-Str. 13
D-48231 Warendorf
Tel. +49-(0)2581-63620
E-Mail: fn@fn-dokr.de
www.pferd-aktuell.de

VFD – Vereinigung der Freizeitreiter und -fahrer in Deutschland
Christiane Ferderer
Zur Poggenmühle 22
D-27239 Twistringen
Tel. +49-(0)4243-942404
E-Mail: bundesgeschaeftsstelle@vfdnet.de
oder vfd@vfdnet.de
www.vfdnet.de

OEPS – Österreichischer Pferdesportverband
Geiselbergstraße 26-32/Top 512
A-1110 Wien
Tel. +43-(0)1-7499261
E-Mail: office@oeps.at
www.oeps.at

SVPS – Schweizerischer Verband für Pferdesport
Papiermühlestr. 40 H
Postfach 726
CH-3000 Bern 22
Tel. +41-(0)31-3354343
E-Mail: info@fnch.ch
www.fnch.ch

ZUM WEITERLESEN

Bender, Ingolf: **Pferdehaltung und Fütterung**, Haltung optimal planen und verwirklichen, Fütterungsgrundlagen verstehen und umsetzen; KOSMOS 2022
Ein Muss für alle Reiter und Pferdehalter: Das Standardwerk von Ingolf Bender beantwortet sämtliche Fragen der modernen Haltung und Fütterung – von der Pferdekunde über die verschiedenen Haltungssysteme bis zur Rationsberechnung des Futters. Präzise, leicht verständlich und wissenschaftlich kompetent erklärt mit gut umsetzbaren Tipps für die Praxis.

Gösmeier, Dr. med. vet. Ina: **Akupressur für Pferde**, Wirkung und Anwendung; KOSMOS 2016
Akupressur wirkt nach denselben Kriterien wie die Akupunktur, ist aber auch für medizinische Laien zu erlernen und anzuwenden. Die sanfte Heilmethode dient der Gesunderhaltung des Pferdes, wirkt bei leichten Erkrankungen und hilft bei alltäglichen Problemen wie Ängstlichkeit oder Muskelverspannungen.

Hainbuch, Friedrich: **Bienenapotheke für Pferde**; KOSMOS 2020
Natürlich gesund durch Honig, Propolis & Co.: Die in der Naturmedizin hochgeschätzte Heil-

kraft der Bienen lässt sich auch bei Pferden vielfach einsetzen. Der Heilpraktiker, Imker und Reiter, Dr. Friedrich Hainbuch, stellt neben den gängigen Bienenprodukten auch unbekanntere wie Gelée royale, Bienengift und Stockluft vor. Er beschreibt welche Pferdekrankheiten man mit Bienenprodukten behandeln kann und wie die Mittel anzuwenden sind. Wertvolles Wissen für alle, die ihre Pferde sanft und natürlich heilen möchten.

Higgins, Gillian: **Anatomie, Gymnastizierung, Muskelaufbau**: Die besten Übungen am Boden; KOSMOS 2017
Die Erfolgsautorin beschreibt auf ihre gewohnt anschauliche Art die besten Boden-Übungen zur Gymnastizierung und zum Muskelaufbau des Pferdes. So bleibt der Pferderücken gesund und locker. Mit klar strukturiertem Seitenaufbau, prägnanten Texten und Fotos zu jedem Übungsschritt. Extra: Anatomische Übersichten von Skelett und Muskulatur. Das Plus zum Buch: Die kostenlose KOSMOS-PLUS-App mit Filmen zu ausgewählten Übungen.

Higgins, Gillian: **Anatomie verstehen – besser reiten**: Bewegungsabläufe und Biomechanik sichtbar gemacht; KOSMOS 2019
Welche Belastung tragen die Gelenke in der Trabverstärkung? Warum ist es für die Wirbelsäule so wichtig, dass das Pferd über den Rücken läuft? In diesem Buch werden die Bewegungsabläufe des Pferdes beim Reiten sichtbar. Die Muskeln und Knochen sind direkt auf das Pferd gemalt. Durch diese einzigartig anschauliche Darstellung werden die Bewegungen aus anatomischer Sicht verständlich und nachvollziehbar.

Jones, Janet: **Horse Brain Human Brain**: Erkenntnisse aus der Neurowissenschaft – Wie Pferd und Mensch denken, fühlen, handeln; KOSMOS 2022
Das Gehirn steuert das Verhalten – beim Pferd ebenso wie beim Menschen. Die Neurowissenschaftlerin und erfolgreiche Trainerin Janet Jones erklärt leicht verständlich die Gemeinsamkeiten und Unterschiede zwischen den Gehirnen von Mensch und Pferd und zeigt, wie man dieses Wissen anwendet, um Ausbildung, Training und Umgang effizient und lösungsorientiert zu gestalten.

Katzenberger-Schmelcher, Dr. Ruth / Katzenberger, Yvonne: **Mehr Körpergefühl für mein Pferd**, Ergotherapie im Pferdetraining; KOSMOS 2020
Wenn Pferde ein auffälliges Verhalten zeigen, wird als Grund meist Ungehorsam oder unpassende Ausrüstung angenommen. Dabei liegen die Ursachen oft bei den drei Basissinnen des Pferdes: Tast-/Berührungssinn, Gleichgewichtssinn oder die Tiefenwahrnehmung sind gestört. Hier setzt die Pferdeergotherapie mit Übungen und sinnvollem Training an. Sie bietet praktische Hilfestellungen und verbessert die Körperwahrnehmung – eine Wohltat für jedes Pferd.

Krüger, Konstanze / Marr, Isabell: **Forschung trifft Pferd**, Neuste Erkenntnisse für ein besseres Verständnis; KOSMOS 2022
Schluss mit Pferde-Mythen! Prof. Dr. Konstanze Krüger und Dr. Isabell Marr stellen die aktuellen Erkenntnisse der Verhaltensforschung vor und zeigen, wie sich dieses Wissen bei Ausbildung und Training sowie im täglichen Umgang nutzen lässt. Ein Standardwerk auf dem neuesten Stand der Wissenschaft.

Krüger, Konstanze / Marr, Isabell / Farmer, Kate: **Lateralität bei Pferden**, Was körperliche Schiefe, motorische Händigkeit und sensorische Lateralität bedeuten und wie Pferde in Balance kommen; KOSMOS 2024
Dieses Praxishandbuch erklärt leicht verständlich, wie anhand der Schiefe sowie der motorischen und sensorischen Lateralität herausgefunden werden kann, ob sich Pferde im Stall und im Training wohlfühlen. Es gibt Pferdehaltern wertvolle und leicht umsetzbare Tools, um die Lateralität des

Pferdes zu erkennen, zu verstehen und im Training zu berücksichtigen. In diesem Buch werden Theorie und Praxis verknüpft, um das Pferd in einfachen Schritten zu testen und es in Balance zu bringen.

Masterson, Jim, mit Reinhold, Stefanie: **Körperarbeit für Pferde**, Locker, entspannt, gelöst mit der Masterson-Methode; Edition WuWei bei KOSMOS 2018
Jim Masterson löst mit seiner Art der Körperarbeit und Massage tiefe Verspannungen beim Pferd und bringt es in einen ganzheitlich entspannten Zustand. In vielen Detailaufnahmen werden die einzelnen Handgriffe und speziellen Anwendungsgebiete gezeigt, so dass jeder Reiter sein Pferd individuell behandeln kann. So lockern sich körperliche und seelische Spannungen, und als zusätzlicher positiver Nebeneffekt vertieft sich die Beziehung des Menschen zu seinem Pferd.

Obst, Katrin: **Fitnessstudio für mein Pferd**; KOSMOS 2018
Faszientraining, Muskelaufbau, Balance und Koordination – mit diesem umfassenden und abwechslungsreichen Physioprogramm für Pferde gelingt es, Verspannungen, Rückenleiden und anderen Beschwerden gezielt vorzubeugen. Das Ganzkörpertraining der erfahrenen Pferde-Physiotherapeutin Katrin Obst stärkt die Tiefenmuskulatur, verbessert die Beweglichkeit und hilft, Blockaden und Muskelprobleme zu vermeiden. Alle Übungen und Parcours werden detailliert beschrieben, sodass das Training auch ohne professionelle Assistenz durchgeführt werden kann.

Schleese, Jochen: **The Silent Killer**, Sattelanpassung nur für den Moment?!; Edition WuWei bei KOSMOS 2017
Ob der Sattel noch richtig zum Pferd passt, sollte immer wieder überprüft werden. Hier lernen Reiter, woran man einen guten Sattler erkennt und wie man selbst beurteilen kann, ob der Sattel noch richtig passt.

Schulte Wien, Beatrix / Keller, Irina: **Osteopathie für Pferde**, Wissen, Spüren, Behandeln; KOSMOS 2023
Bewegungsprobleme beim Pferd werden oft nicht erkannt oder falsch beurteilt und können schnell zu dauerhaften Schäden führen. Deutschlands bekannteste Pferde-Osteotherapeutin Beatrix Schulte-Wien zeigt in ihrem Buch, wie man sein Pferd mithilfe der Osteopathie gesund und leistungsfähig erhalten kann. Wichtig sind auch Aspekte wie der passende Sattel oder der Einfluss von Narben. Extra: Akupressur und Schröpfen.

Schulte Wien, Beatrix / Keller, Irina: **Praxisbuch Physiogriffe für Pferde**, Selbst Verspannungen lösen und Wohlbefinden steigern; KOSMOS 2024
Beatrix Schulte Wien, die bekannte Expertin für Pferde-Osteopathie, und Physio- und Osteotherapeutin Irina Keller erklären in diesem Ratgeber, wie Pferdehalter mit einfachen Handgriffen die Muskeln und Faszien ihres Pferdes lösen und entspannen können. Das ist Wellness für das Pferd, steigert sein Wohlbefinden, trägt zur Gesunderhaltung bei und löst nebenbei auch so manches Rittigkeitsproblem. Fallbeispiele zeigen anschaulich, welche Anwendungen z. B. bei Genick- oder Rückenproblemen die beste Wirkung haben.

Zanger, Michael / Kabus, Kerstin: **Hufen helfen,** Häufige Hufprobleme erkennen & Lösungen finden; KOSMOS 2026
Kaum ein Pferd hat perfekte Hufe. Du kannst deinen Blick für Hufe schärfen und lernen, selbst Hand anzulegen. Wie das geht? Mach dich mit dem Aufbau der Hufe vertraut und lerne, welche Anzeichen auf Fehlstellungen und Belastungsprobleme hindeuten. Die Hufprofis Dr. Michael Zanger und Kerstin Kabus zeigen dir in sieben Schritten, wie du zum kompetenten Hufbegleiter deines Pferdes wirst.

007

Making-of

Hier gibt es einen kleinen Einblick in das Fotoshooting.

REGISTER

DANKE

Die Fotos dieses Buches sind auf dem Pferdehof „Natur und Form“ von Franziska Schlitner und Martin Müller entstanden. Fast alle Tiere des Hofes stammen aus schwierigen oder tierschutzrelevanten Haltungsbedingungen, für die Tierpatenschaften übernommen werden können.
Mehr Infos unter lebenshof-birkenweiler.de.
Wir bedanken uns bei Ilka Zanger und Uwe Pries für das Lektorat.

BILDNACHWEIS

Mit 148 Farbfotos von Anna Auerbach / KOSMOS und einem Farbfoto von Michael Zanger / Uwe Pries (Seite 25 unten).
Mit 42 Illustrationen von Melanie Bischof (26: Seite 27, 28, 29, 38, 51, 57, 58, 59, 63, 74, 78, 86, 96, 108, 113) und Cornelia Koller (16: Seite 14, 31, 32, 33).

IMPRESSUM

Umschlaggestaltung von GRAMISCI Editorialdesign / Isabelle Fischer, München unter Verwendung von 9 Farbfotos von Anna Auerbach / KOSMOS und Wilfried Wittmann (Porträt Kerstin Kabus).

Mit 148 Farbfotos und 42 Illustrationen.

Unser gesamtes Programm finden Sie unter **kosmos.de**.
Über Neuigkeiten informieren Sie regelmäßig unsere Newsletter, einfach anmelden unter **kosmos.de/newsletter**.

Gedruckt auf chlorfrei gebleichtem Papier

ISBN 978-3-440-17938-3
Redaktion: Gudrun Braun
Gestaltungskonzept: GRAMISCI Editorialdesign / Cornelia Sekulin
Gestaltung und Satz: Atelier Krohmer, Dettingen/Erms
Produktion: Claudia Frank
Druck und Bindung: Westermann Druck Zwickau GmbH, Zwickau
Printed in Germany / Imprimé en Allemagne

FSC
www.fsc.org
MIX
Papier | Fördert gute Waldnutzung
FSC® C110508